中国海洋保护区档案

Archives of China Marine Reserve

（中卷）

朱德洲　主编

文稿编撰 ◎ 张梦杰
图片统筹 ◎ 孙宇菲

中国海洋大学出版社
·青岛·

总目录

上卷

中卷

下卷

烟台芝罘岛岛群国家级海洋特别保护区

YANTAI ZHIFUDAO DAOQUN GUOJIAJI HAIYANG TEBIE BAOHUQU

保护区名片

地理位置	位于烟台市芝罘岛北侧
地理坐标	37°35'N ~ 37°37'N，121°20'E ~ 121°26'E
级别	国家级
批建时间	2010 年 4 月
面积	7.70 平方千米
保护对象	岛屿及海洋生态系统、渔业资源、自然景观、古迹遗址
关键词	典型的陆连岛、海蚀景观、阳主庙
资源数据	保护区由大摩罗石岛、小摩罗石岛、硝碌岛、大石婆婆岛、小石婆婆岛、小山子岛 6 个岛屿及其周围海域组成，生物多样性丰富

保护区概况

烟台芝罘岛岛群国家级海洋特别保护区由大摩罗石岛、小摩罗石岛、硝碌岛、大石婆婆岛、小石婆婆岛、小山子岛 6 个岛屿及其周围海域组成，具有典型的海岛自然景观，岛屿生态系统与海洋生态系统复杂，生物多样性丰富，地质地貌等自然景观科研价值极高。

保护区远景

保护区总面积 7.70 平方千米，其中重点保护区面积 1.17 平方千米，生态与资源恢复区面积 1.13 平方千米，适度利用区面积 4.56 平方千米，预留区面积 0.84 平方千米。

三 功能分区图

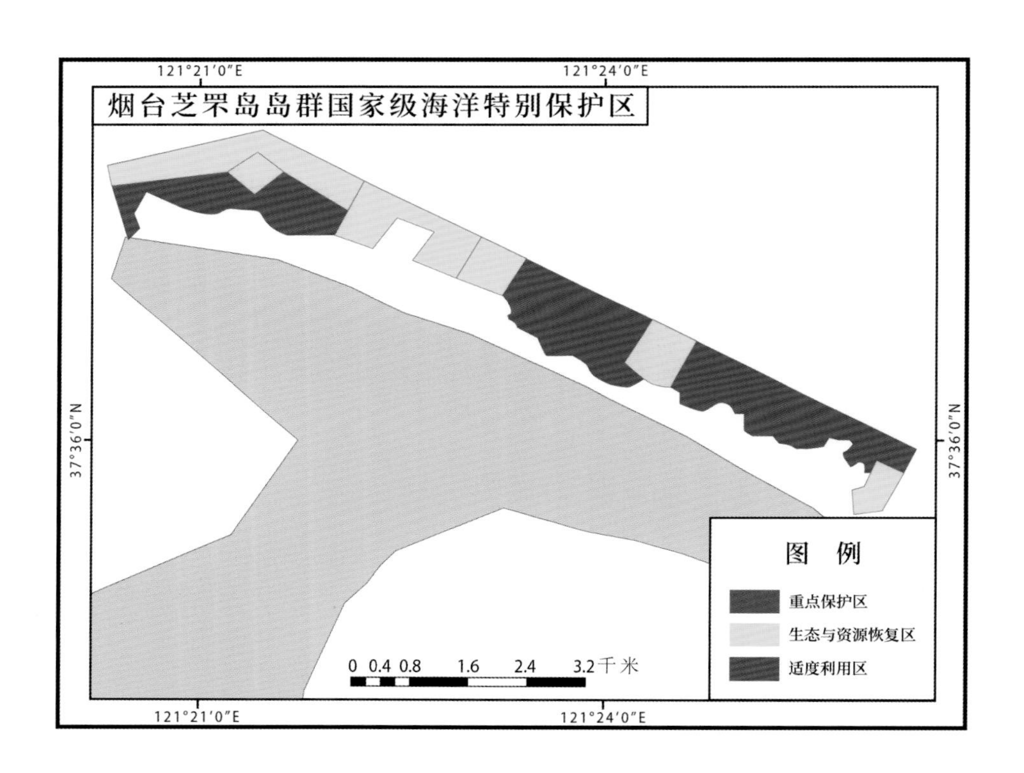

代表性资源

（一）动物资源

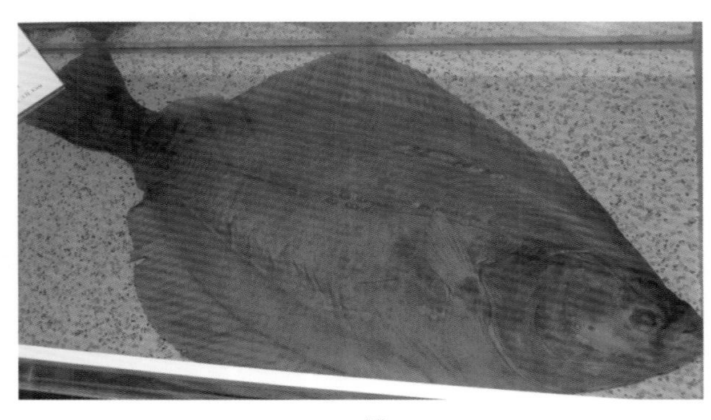
石鲽

石鲽

学　　名	*Platichthys bicoloratus*
中文别称	石板、石岗子、石江子、石镜、石夹、二色鲽
分类地位	脊索动物门辐鳍鱼纲鲽形目鲽科石鲽属
自然分布	在我国分布于黄海、渤海及东海海域

石鲽一般体长 20 ～ 30 厘米，体重 250 ～ 400 克。背鳍、腹鳍边缘均有坚硬状不规则的石骨数块。石骨与鱼体大小相关，鱼大则石骨大，鱼小则石骨小。牙小，上下颌各一行。头小，略扁。两眼均在头的右侧。侧线较直，明显，前部微突起。有眼一侧被栉鳞，呈褐色或灰褐色；无眼一侧被圆鳞，呈银白色。有的身上和鳍上有小型暗色斑纹。

石鲽属典型底栖海洋鱼类，终生潜伏于泥沙之中，无大群集结长距离迁徙习性，仅在深浅水域之间做适温性洄游。在水质洁净的细沙滩、淤泥滩分布密度相对集中。其中，尤以沙滩与礁群接壤地带、暗礁环抱的小片泥沙地、大面积沙滩包围的孤礁周边和带状礁岩间隙的沙质地带为首选。

脉红螺

脉红螺

学　名	*Rapana venosa*
中文别称	菠螺、瓷螺
分类地位	软体动物门腹足纲狭舌目骨螺科红螺属
自然分布	在我国分布于黄海、渤海及东海海域

脉红螺壳略近梨状，厚而坚实。壳表面粗糙，具有排列整齐而平的螺旋形肋和细沟纹。壳呈黄褐色，有棕褐色斑点。螺旋部短小，体螺层极膨大。壳口很大，形似喇叭，内面杏红色。厣角质，椭圆形，棕色。生长线明显。

脉红螺生活在几米或十几米水深的浅海泥沙碎贝壳质海底，幼小个体则常见于潮间带岩礁间。其为雌雄异体，成熟期精巢淡黄色，卵巢橘黄色。交配时，雄螺与雌螺壳口呈 45° 角相对。

脉红螺产量较多，肉可供食用，空壳可诱捕章鱼或做工艺品。其为肉食性动物，对贝类养殖有害。

（二）旅游资源

芝罘岛

芝罘岛属于我国常见的海岛类型基岩岛，东西长 9.2 千米，南北宽 1.5 千米，面

芝罘岛

积约10平方千米。岛上最高峰叫作芝罘山，海拔298米。该岛主要是由一套太古变质岩系组成，有片麻岩、片岩、石英岩等，硬度坚硬，节理发育，易于形成陡峭险峻之地形。芝罘岛的北面是陡峭的峭壁悬崖，崖前竖立着高大的海蚀柱，迎接着海风和波涛的洗礼；南坡是一层黄色砂质黏土堆积物，厚可达25米。

《史记·秦始皇本纪》记载，秦始皇曾分别在秦始皇二十八年（前219）、二十九年（前218）、三十七年（前210）三临芝罘岛，刻石记功。此后，汉武帝也曾于太始三年（前98）巡海登临此岛。

“之罘朝日”就是在芝罘岛观日出。芝罘岛一带峭壁削成，下临汪洋，招招舟子，泛波其上，一览无余。当朝阳从万顷波涛中喷薄而出，天、海、岛、礁尽染亮彩，气象壮观之极，的确是观日出的绝好之处。在秦始皇第二次登临芝罘岛时，其刻石曰：“逮于海隅，遂登之罘，昭临朝阳。”康熙《福山县志》中也记载此处“观日出较他处倍胜”。

芝罘山虽不很高，但险峻难登。从阳主庙东侧，踏上一座高达百米的山岗，顿时海天开阔。在这里俯首下望山的背后，只见岩石壁立，十分险要，一道道节理似刀斩剑劈一般，遍布石崖之上。惊涛轰然击岩，卷起浪花无数，又为芝罘岛增加一种仙境般缥缈的景象。正面观芝罘岛，它若一位秀丽娉婷之少女，温柔无限，娴静优雅；从背面看芝罘岛，它却似一尊怒目金刚，威武雄健，渔民都因此称其为老爷山。

阳主庙

芝罘岛阳坡有阳主庙，始建于战国时期，是齐国国君奉祀“八神将”的庙宇之一。阳主庙历经多次扩建修葺，始成规模。阳主庙背山面海，由山门、门殿、大殿、后殿及两廊房组成，为典型的封闭式寺院建筑，布局严整，造型古朴典雅。大殿在第三进院落，供奉着阳主梁王大帝的石像。据说，梁王大帝是专管民间水旱瘟疫之神。他身

阳主庙

着绛色龙袍，手执玉笔，神情凝重，若有所思。其周围环卫着4个将军，他们手执各种不同的兵刃，长相威猛，令人望而生畏。大殿东西两侧有配殿，供奉着送子娘娘和王母娘娘。东西两廊是十殿阎君塑像。十殿阎君造型各异，其中以第五殿阎君阎罗王的面目最为狰狞。从大殿到后殿有封闭式走廊相通。走廊里悬挂着精雕细刻的小船，小者尺余，大者盈丈。两边粉墙上有名人题咏的诗句。后殿在第四进院落，里面供奉着4位阳主奶奶，她们都体态丰盈，眉清目秀。

历史人文

（一）历史故事

秦始皇三临芝罘岛

芝罘岛的历史悠久。据《史记》记载，秦始皇于秦始皇二十六年（前221）统一中国后，曾三次东巡，三次登芝罘岛，在这里留下许多故事。

秦始皇第一次东巡在秦始皇二十八年（前219），他沿着渤海湾东行，“过黄、腄，穷成山，登之罘”。

次年，秦始皇第二次东巡，令大臣在芝罘岛刻石，颂扬自己的政绩。碑文写道：“维二十九年，时在中春，阳和方起。皇帝东游，巡登之罘，临照于海……”

秦始皇画像

秦始皇三十七年（前210），秦始皇第三次登临芝罘岛，主要是为了寻求长生不老药。他第一次东巡时，碰到一个叫徐福的方士。徐福诓他说，海中有蓬莱、瀛洲、方丈三座仙山，山中的仙人有长生不老药。于是秦始皇就“遣徐市发童男女数千人，入海求仙人”。8年过去了，徐福却什么仙药、灵丹也没找到。在秦始皇第三次东巡时，徐福怕秦始皇追究，就撒谎道，海中有大鲛鱼，使得船无法出海寻找仙山。秦始皇求药心切，梦想长生之术，于是便亲设连弩，追大鲛鱼，从琅琊、经成山，来到芝罘岛，终于“见巨鱼，射杀一鱼”。清代谢景谟在《吊始皇芝罘射鱼》一诗中对当时的场景做了这样的描写：“钲铙一震山灵动，精骑四绕列熊罴。强弩竞响苍岩里，劈破黄云羽箭驰。却制长鲸如白小，威行水国倍神怡……”

（二）民间传说

阳主奶奶的传说

芝罘岛上有座阳主庙，与别的庙宇不同，里面供着阳主爷和他的4个夫人。

相传，春秋战国时期，芝罘岛上有一个几百户的渔村，村中男渔女织，生活十分和谐。村中一户姓陈的人家有4个女儿，她们个个长得俊秀，都在一个饱学先生那里

阳主塑像

读书。有一年春天，正是桃红柳绿的季节，她们到芝罘山后赶海。芝罘山后，海水澄澈，堆雪溅玉，周围的鱼虾游来游去。突然，大姐发现海中躺着一个石人。这石人眉清目秀，满身灵气。她们决定从海里捞出来抬回家。姑娘们在回家的路上，不觉走到芝罘山前。她们感到石人越来越沉，就像扎了根一样。无可奈何下，由大姐出了个闹着玩的主意：站在1丈外的地方用篓子套石人，谁套上就当他的媳妇。结果4个人都套上了。

回到家后，姑娘们把白天发生的一切告诉了父母。当天晚上，姑娘们的父母做了一个梦，梦见石人身穿蟒袍，腰扎玉带，自称阳主，要求给他修一座庙。第二天晚上，4个姑娘也做了一个梦，梦见石人拉着迎亲队伍，抬着花轿，吹吹打打地把她们抬去成了亲。过了几天，4个姑娘同时成仙了，给阳主做夫人去了，后人称她们为阳主奶奶。村里人在石人停留处建了一座庙宇，后人称阳主庙。阳主和4个姑娘并没有忘记村中的百姓，他们经常显灵，为百姓排忧解难。

石公公与石婆婆的传说

在芝罘岛的前海，有一块石头，像个老公公眯着眼向远处眺望；在芝罘岛的后海，有一座小山， 像个老婆婆盘腿坐在那里，人们分别称它们石公公、石婆婆。

相传很久以前，芝罘岛上经常发生海啸。百姓在岛上建了一座龙王庙，以求龙王保佑。龙王便派龙公公、龙婆婆镇守芝罘岛。他们两人生活在一起，相互照顾，久而久之，产生了感情。但他们相好的事情传到龙王的耳朵里，龙王大怒，不准二人见面，让他们在前后海隔岛相望，坚守岗位。自从龙婆婆把守后海，后海变得风平浪静。百姓为了感谢她，便要帮助她逃到前海与龙公公见面。谁知被巡海夜叉发现，用手一指，龙婆婆就变成了一座石山。龙公公镇守芝罘岛前海，天天立在上面，望着过往船只，想念龙婆婆。年复一年，变成了一块石头。

石婆婆石像

（三）风土人情

赶海与赶小海

芝罘岛一带有一伙能潜水的赶海人，他们或穿简易潜水衣，能于深水礁岩之间取蟹、拾文蛤和“天鹅蛋”。其中的好手，都有一群崇拜者与追随者。赶海有许多技术，也有许多经验。例如，“初一十五两头干”说的是农历的初一与十五，早晨与傍晚都会退潮，一天之内可有两次赶海的良机。“西北风落脚赶大潮”则是说，连着几天刮西北风，风停之时潮退得很远，是赶海人的节日。“东北风，十个篓子九个空”告诫人们，刮着东北风的日子赶海是不会有收获的。

赶小海是出海捕鱼的人对岸边妇幼猎海方式的一种戏称，捕鱼汉子不屑于此，但对于许多旅游者，却是一项有趣的活动。芝罘岛一带的居民赶海多不是为了玩耍，而重在获取海鲜。所备的工具只有两件：一件是盛收获物的篓子；另一件是有多种用途的简单工具，一根一端镶着一双铁钩的短棒，俗名“钩子”或“钉子”。用这件工具，可以打下牢牢地附着在礁石上的牡蛎，也可以挖出藏在沙子里的花蛤、玉螺。

赶小海

六 保护区管理

保护区申报了保护区能力建设及生态修复项目。依据保护区建设项目实施方案，构筑了保护区界碑、界牌、浮标；建造了保护区执法管护用船、快艇各 1 艘；购置了 358 平方米的保护区管理用房，并配置了办公座椅、对讲机、GPS、望远镜、电脑等基本办公管护设备；安装了保护区专用无线视频监控系统 1 套。

保护区依托中国海监芝罘区大队开展以维护保护区资源现状为主的定期管理活动，对保护区进行巡护监察，严肃查处各类违法违规案件，确保处理率达到 100%。

烟台山国家级海洋公园

YANTAISHAN GUOJIAJI HAIYANG GONGYUAN

海洋公园局部

一 保护区名片

地理位置	位于烟台市芝罘区和莱山区，从烟台山公园向东延伸至雨岱山附近
地理坐标	37° 30′ N ~ 37° 33′ N，121° 23′ E ~ 121° 27′ E
级别	国家级
批建时间	2014 年 3 月
面积	12.48 平方千米
保护对象	滨海自然景观、人文历史景观遗迹、典型海洋生态系统
关键词	芝罘湾、海岸地貌、烟台东炮台
资源数据	海洋公园内有全国重点文物保护单位烟台山景区和省级重点文物保护单位东炮台景区；有多样化的典型北温带沿海地质地貌类型，其海岸地貌包括海积和海蚀地貌两大类；渔业资源有 260 余种，较重要的经济鱼类和无脊椎动物近 80 种

保护区概况

烟台山国家级海洋公园划分为重点保护区、生态与资源恢复区和适度利用区。重点保护区严格保护该区域内的仿刺参、皱纹盘鲍、紫石房蛤等优质的海珍品种质库以及东炮台周边独特的基岩海岸。生态与资源恢复区作为缓冲带，以自然恢复为主，人工修复为辅，恢复和保护该海域自然生态系统及生物多样性。适度利用区在确保海洋生态系统安全的前提下，通过科学规划、合理布局，开发海上游乐、海洋文化等生态旅游产品，实现资源价值最大化。

该海洋公园所在的芝罘湾和四十里湾是传统的烟威渔场组成部分，由于受黄海暖流、山东沿岸流及渤海海峡等因素的影响，是多种经济鱼虾类的洄游通道和产卵、索饵场所，生物种类繁多。根据资料记载，渔业资源有 260 余种，较重要的经济鱼类和

海洋公园局部

无脊椎动物近 80 种。芝罘岛至崆峒列岛区域是典型的基岩海岸，水下岩礁发育良好，藻类资源丰富，是多种珍贵海洋经济物种的栖息场所。

该海洋公园内分布有典型的北温带沿海地质地貌类型，其海岸地貌包括海积和海蚀地貌两大类。海积地貌包括连岛沙坝、砂质潮滩、泥质潮滩，海蚀地貌包括海蚀崖、海蚀穴（洞）、海蚀平台等。

该海洋公园内集中分布有滨海旅游资源。烟台市第一海水浴场和第二海水浴场具有优质的沙滩资源，是市区内传统的休闲娱乐和户外旅游地；滨海广场、月亮湾景区、栈桥景区、渔人码头景区等众多景区相间分布，集中展示了烟台的历史与新貌。

海洋公园局部

该海洋公园的海洋文化底蕴深厚，有全国重点文物保护单位烟台山景区和省级重点文物保护单位东炮台景区，是烟台开埠文化历史遗迹的集中分布区，是研究中国近代建筑史、中西方文化交流史和中国近代社会发展史珍贵的实物资料，具有重要的历史、艺术和科学研究价值。

三 功能分区图

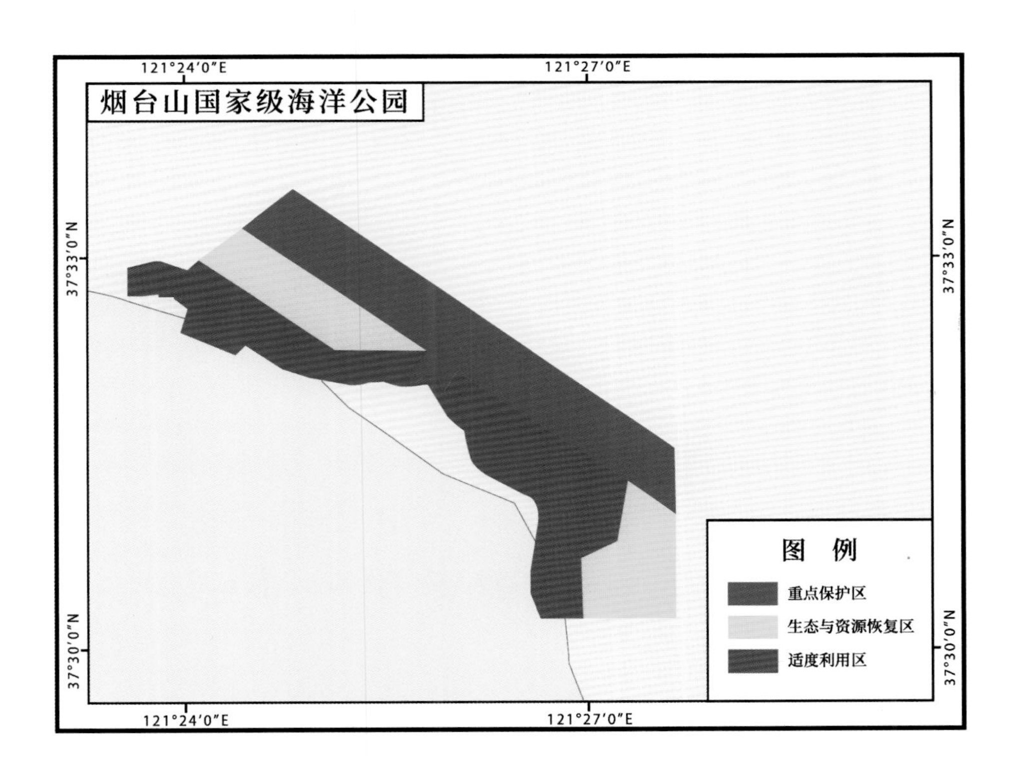

四 代表性资源

（一）动物资源

皱纹盘鲍

学　名	*Haliotis discus hannai*
中文别称	紫鲍、盘大鲍
分类地位	软体动物门腹足纲原始腹足目鲍科鲍属
自然分布	在我国分布于北部沿海，其中辽宁、山东沿海较多

皱纹盘鲍

皱纹盘鲍壳大而坚厚，螺层为 3 层，缝合线浅，螺旋部极小，末端 3 ～ 5 个开孔，是排泄与呼吸的孔道，称为呼吸孔。壳表面为深绿褐色，生长纹明显，具有许多不规则隆起的皱纹。

皱纹盘鲍喜欢栖息在海藻茂盛、水流畅通的岩礁裂缝、石棚穴洞等处，具有昼伏夜出的特点。它们的食物种类，随着不同的生长发育阶段而变化。幼体主要摄食底栖硅藻，还摄食小型底栖生物、有机碎屑以及藻类的配子体和孢子体; 成鲍为杂食性动物，食物种类以褐藻、红藻中的大型藻类为主。

皱纹盘鲍是雌雄异体，在自然海状态下，繁殖季节因海域而异，持续的时间也不相同。雌鲍的产卵量与个体大小、性腺发育情况、产卵水温等因素有关。卵为圆球形，外面包裹着一层不规则的胶膜，为沉性卵。

（二）旅游资源

烟台山

烟台山坐落于芝罘区北端，是烟台市区的主要风景游览区之一。烟台山及周边地区的领事馆、洋行、邮局、教堂等近代建筑，是烟台乃至整个中国近代半殖民地半封建社会的缩影，见证了胶东半岛近百年来一系列的革命风云，记录了相应的政治、经济、军事、文化、社会变化，成为研究中国近代社会发展史和中国近代建筑史珍贵的实物资料。

烟台山景区

烟台山依托其重要的革命文物遗迹、丰富的红色文化内涵、完整的近代历史建筑，成为烟台市开展爱国主义教育的重要场所。其中的抗日烈士纪念碑碑高8米，呈五棱形；碑顶端雕有五角星，象征着革命先烈的精神永放光芒；碑体正面刻有“民族英雄垂名千古”8个隶书大字。

烟台东炮台景区

烟台东炮台始建于清光绪十七年（1891），位于烟台市芝罘区东部岿岱山上。

东炮台历经风雨沧桑，屡遭劫难。建成后不久，于光绪二十七年（1901）《辛丑条约》签订后，即被迫拆除。其后虽被修复，但抗日战争期间，又遭到日本侵略军的破坏，如今已不能完全恢复往昔的风采。

烟台东炮台一隅

东炮台景区东、西、北三面均为高20余米的临海悬崖，是烟台的天然关隘。东炮台景区于1987年被公布为烟台市重点文物保护单位，1992年被公布为山东省文物保护单位。

月亮老人雕像

月亮湾景区

月亮湾一隅

烟台山和东炮台之间，是一处形似弯月的美丽港湾——月亮湾。这里有礁石、有沙滩，山石、海水、港湾融为一体，海水清澈，沙滩平缓。在海堤尽头，矗立着一座月亮老人雕像，坐西北，朝东南。月亮老人雕像是由196片2毫米厚的不锈钢组成，是月亮湾的标志性建筑物。

烟台第一海水浴场

烟台第一海水浴场坐落在烟台市区东海岸，全长 1 070 米，西邻烟台山，东邻东炮台，地理位置优越。

1998 年滨海北路和海岸路的改造修建，改写了烟台有海无滨的历史，也为海水浴场增添了一道亮丽的风景线。拆除了有碍观瞻的建筑物，在沿线建设形成了 3 处各具特色的海滨休闲广场，其中最大的 1.2 万平方米、最小的 8 000 平方米。

夜幕下的烟台第一海水浴场

烟台第一海水浴场

忠烈祠

烟台山上的忠烈祠是烟台人崇拜关公、岳飞的民俗文化载体，供奉的关公、岳飞都是历史英雄人物。

忠烈祠位于烟台山顶烽火台的南侧，坐北朝南，由正殿、东西两厢和大门组成，是一座封闭式的院落。大殿内摆放着关公和岳飞的雕像，四周墙壁则绘有历代忠孝节义的人物故事。在忠烈祠的正门门首横题着“烟台”两个字。院内有一巨石斜立，上面刻有四言诗一首，被称为“燕台石刻”，是烟台山上的重要文物。

历史人文

民间传说

烟台山的传说

烟台山，原名为燕儿台山，相传其承载了一个美好的故事。古时的烟台山还是个小渔村，海边居住着渔民一家三口，生活幸福温馨。可有一次出海时，渔夫不幸葬身大海。渔夫妻子伤心欲绝，虽想轻生，但为了儿子，还是独自一人织布来养活儿子。

熬过了 10 多个年头，儿子长大成人，子承父业，眼力非凡，被人叫作“神眼”。出海时，水下有什么，他都能看得一清二楚。当地渔民和他一起出海，总能收获颇丰。龙王知道了“神眼”的本事，一心想要除掉他，以保护自己的虾兵蟹将。于是龙王派自己宫中法术高超的侍女燕儿利用美人计接近“神眼”。燕儿在与“神眼”朝夕相处的过程中，得知此人心性善良，不忍心加害于他，于是与“神眼”在人间结为夫妻。

海洋公园局部

龙王怒火中烧，挥出一阵狂风掀倒了“神眼”家的屋子。燕儿为保护“神眼”及当地百姓，化成一块白玉石，定于海边一座山丘上。其仙力可保护一方百姓平安，使百姓不再受龙王侵害。后人为纪念舍己为人的燕儿，命名此地为“燕儿台”，白玉石所在的临海山丘为燕儿台山。后来随着发音的演变，变为今日的烟台山。

烟台山“石船”景观传说

“石船”是烟台山公园中一处自然景观，位于临海北坡，传说是八仙过海时留下的杰作。最初，八位仙人计划从烟台山出发渡海去日本。凑巧的是，天后圣母邀请八仙去福建老家赴宴。为了赶时间，吕洞宾拔剑将山腰一块巨石劈成两半，一半滚到水边做船，用于运送八仙南下赴宴，另一半就留在了半山腰。

所以烟台山陡壁下面有一块大石头，它的形状酷似一叶小舟，看上去凌空而起，摇摇欲坠，实际上它千百年来稳若磐石。

八仙醉酒雕塑

六 保护区管理

（一）管理机构

烟台市海洋发展和渔业局作为烟台山国家级海洋公园的管理机构，为切实加强公园的建设与管理工作，将烟台山国家级海洋公园的建设和管理工作委托烟台市海洋环境监测预报中心组织实施。

烟台市海洋环境监测预报中心主要职能是负责全市管辖海域的环境监测，编制发布海洋环境质量公报；开展海洋水文气象观测预报，编制发布海洋灾害公报；组织进行海洋污染事故鉴定和赤潮等海洋灾害的应急调查；负责全市渔业水域环境的调查、监测、监视、评价和科学研究。设有综合科、监测科、预报科、海洋减灾科。

（二）管理制度

根据有关法律法规，烟台山国家级海洋公园先后制定了《烟台山国家级海洋公园管理办法》《烟台山国家级海洋公园开发建设管理制度》《烟台山国家级海洋公园生态旅游活动管理制度》等多项管理制度。

（三）科研监测

近年来，烟台市海洋环境监测预报中心制订监测方案，定期对海洋公园及周边区域进行监测和调查。主要开展了生物多样性监测、海水质量监测、海洋公园生态环境综合监测、陆源排污口（河）监测及海水浴场监测。监测要素包括水质、沉积物和生态环境等，年终形成监测与评价技术报告，为海洋公园的保护、管理和开发提供基础数据支持。

（四）宣传教育

制作了相关音像、文字和图片资料，于每年全国海洋宣传日定期宣传；开展了增殖放流和海滩清理活动；利用烟台山景区电子大屏对海洋公园开展宣传；每年组织业务人员参加上级组织的相关培训。

海洋公园夜景

烟台莱山国家级海洋公园

YANTAI LAISHAN GUOJIAJI HAIYANG GONGYUAN

海洋公园局部

一 保护区名片

地理位置	位于山东省烟台市莱山区，在渔人码头以南至逛荡河口附近海域，西邻芝罘岛
地理坐标	37° 27′ 37.355″ N ～ 37° 30′ 13.659″ N，121° 26′ 34.501″ E ～ 121° 29′ 14.388″ E
级别	国家级
批建时间	2016 年 8 月
面积	总面积 5.81 平方千米（陆域面积 0.63 平方千米、海域面积 5.18 平方千米）
保护对象	河口湿地沙质海岸、珍稀海洋生物
关键词	黄海之滨、芝罘湾与四十里湾的纽带、“渔业摇篮”
资源数据	海洋公园紫石房蛤、仿刺参、单环刺螠等生物资源丰富，潮间带和潮下带主要经济种达 88 种

保护区概况

烟台莱山国家级海洋公园总规划面积 5.81 平方千米，其中陆域面积 0.63 平方千米、海域面积 5.18 平方千米。其突出特色是河口湿地和沙质海岸为主的多种综合海岸生态系统，自然景观资源和人文景观资源的和谐统一。海洋公园分为重点保护区、生态与资源恢复区以及适度利用区 3 个功能区。

重点保护区分为南、北两部分。南部逛荡河口区域有沙滩、湿地，生物种类繁多；逛荡河口湿地也是山东省鸟类品种和数量较多的地区之一；同时，潮间带和潮下带生物资源丰富，主要经济种达 88 种；还是石鲽鱼等鱼类的主要产卵场和多种海洋生物良好的栖息地。北部为水产种质资源保护区，水流平缓，饵料丰富，紫石房蛤、仿刺参、单环刺螠等海珍品种质资源丰富，是莱山区重要的水产种质资源区。

生态与资源恢复区生物多样性较高，主要有魁蚶、毛蚶、菲律宾蛤仔、中国蛤蜊、长竹蛏、褶牡蛎、大连湾牡蛎、密鳞牡蛎、栉江珧等软体动物，脊尾白虾、脊尾褐虾、

海洋公园远景

口虾蛄、三疣梭子蟹、日本蟳等甲壳动物，其他资源如裸体方格星虫、江蓠、甘紫菜、条斑紫菜、羊栖菜、海蒿子、海带等。为避免人类开发活动干扰该区域，主要是在自然恢复的基础上，辅以增殖放流、投放人工鱼礁等人工修复措施，为海洋生物提供产卵、生长、索饵的场所，恢复和增加该海域海洋生物的种群数量，起到生态系统修复的作用。

适度利用区位于该海洋公园西南部，区内拥有沙滩，经过千百年的筛炼，沙滩格外松软湿润；还有黄海栈桥等景观设施，周边酒店等配套设施齐全，适合开展旅游娱乐活动。依据相关海洋功能区划主要是开展河口（海洋）生态旅游，各类亲水活动、休闲渔业活动以及旅游基础配套设施等的建设。

功能分区图

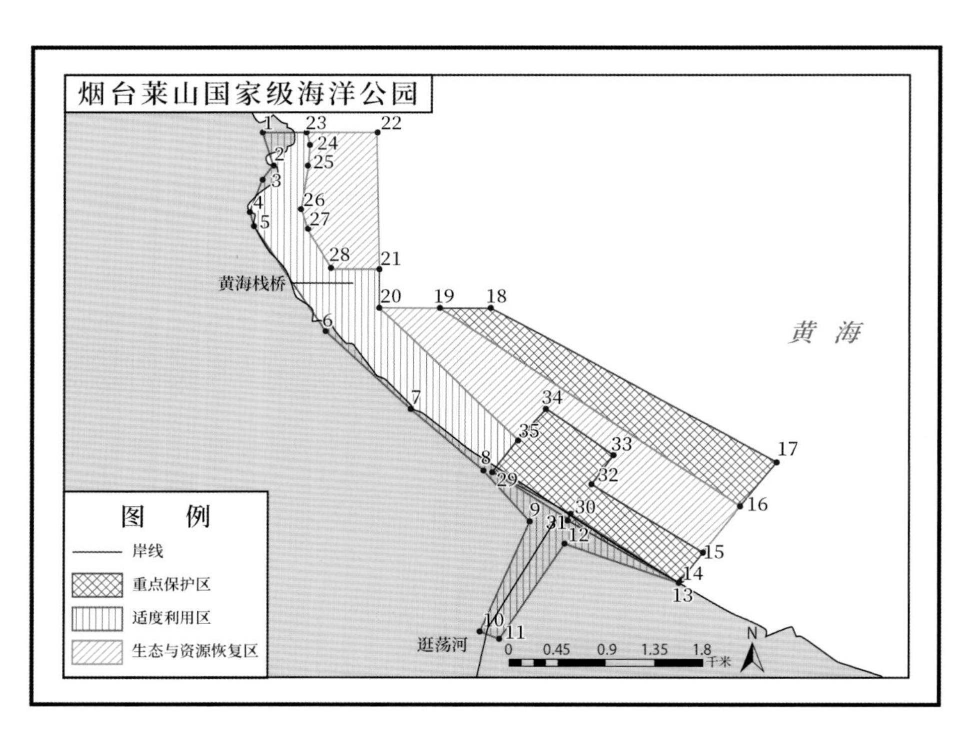

代表性资源

（一）动物资源

紫石房蛤

紫石房蛤

学　名	*Saxidomus purpuratus*
中文别称	天鹅蛋、紫房蛤
分类地位	软体动物门双壳纲帘蛤目帘蛤科石房蛤属
自然分布	在我国分布于辽宁大连，山东烟台、威海沿海

紫石房蛤壳极坚厚，略呈卵圆形。壳顶突出，尖端极小，位于壳背缘，靠近前方；壳顶前端边缘为圆弧形，壳顶后端边缘在背部略直，至后端骤然转向腹面，因此使后缘脐呈截形。壳顶端脐带为铁锈色，内面为暗紫色。铰合部宽大，右壳有 3 个主齿和 2 个前侧齿，左壳有 4 个主齿。左右两壳等大，关闭时前端腹面留有一极狭的长缝，足由此伸出，后端也有一较宽的开口，水管由此伸出。

紫石房蛤属于冷水性贝类，一般栖息在水深 4 ～ 20 米的海底，栖息地底质多由泥沙、砾石组成。它们多分布于潮间带的浸水带或低潮线以下的浅海中，以海水较清、水流较急处为最适宜。

紫石房蛤为雌雄异体，繁殖季节在 6 ～ 8 月，卵呈乳白色颗粒状。

单环刺螠

单环刺螠

学　　名	*Urechis unicinctus*
中文别称	海肠、海肠子
分类地位	环节动物门多毛纲 *Echiuroidea* 目刺螠科刺螠属
自然分布	在我国分布于渤海、黄海海域

单环刺螠身体柔软，略呈长圆筒状，呈灰红色或棕褐色，刚毛为黑褐色。体长约 200 毫米，不分节，两端稍尖。体壁较厚且密被颗粒状突起，略呈环状排列。吻在身体的前端，较短小，略呈圆锥状，与身体无明显的分界；口的后方、吻的基部腹面有一对腹刚毛，呈钩状。肛门位于身体末端，在肛门周围有一圈尾刚毛。

单环刺螠常在沙滩截面上凿出“U”形管穴居。涨潮时可用吻捕食，退潮后即隐入沙中。退潮后，于海滩低潮线处可以捞取。其为杂食性动物，多以泥沙中腐烂的有机物、小型底栖生物为食。

在我国北方沿海，居民多于冬、春两季大量挖掘单环刺螠，制作菜肴。此外，单环刺螠还可用作钓饵。

裸体方格星虫

裸体方格星虫

学　名	*Sipunculus nudus*
中文别称	沙虫、沙肠虫、沙虫子
分类地位	星虫动物门方格星虫纲戈芬星虫目方格星虫科方格星虫属
自然分布	在我国沿海均有分布

裸体方格星虫身体较长，呈圆筒状。吻部较短，无钩，其上长有三角形的乳突，尖端向后，呈鳞状排列。体壁较厚，口盘上生有扁平、皱褶状、彼此连接的触手，呈环状排列围绕在口部。

裸体方格星虫大多潜入底质穴居生活，摄食时吻端伸出体表，以触手激水并捕食底栖硅藻及有机碎屑。它们对栖息底质有选择性，常在中细沙质底质潜入生活，其次为泥质沙、沙质泥、泥。

裸体方格星虫大多为雌雄异体，性腺成熟后，精子和卵子移入体腔液中继续发育。

裸体方格星虫肉质脆嫩，味道鲜美，富含蛋白质、脂肪和钙、磷、铁等多种营养成分，深受沿海人民的喜爱。

（二）植物资源

柽柳

柽柳

学　名	*Tamarix chinensis*
中文别称	垂丝柳、西河柳、西湖柳、红柳、阴柳
分类地位	被子植物门双子叶植物纲侧膜胎座目柽柳科柽柳属
自然分布	在我国野生于辽宁、河北、河南、山东、江苏北部、安徽北部等地，栽培于东部至西南部各省区市

柽柳株形美观，枝条纤细柔美，花淡雅美观；为落叶灌木或小乔木。叶钻形或卵状披针形，先端尖。总状花序组成顶生圆锥花序，基部膨大。

柽柳对土壤要求不严格，既耐干旱，又耐水湿和盐碱；一般夏季播种，也可以翌年春季播种。出苗期间要注意浇水，需每隔 3 天浇一次水，保持土壤湿润；苗出齐后可以减少灌溉次数，加大灌溉量。

柽柳适合水岸、池畔、路边等处栽培观赏，也可用于防风固沙。老枝柔软坚韧，可用于编筐；嫩枝和叶可入药。

（三）旅游资源

逛荡河公园

逛荡河公园位于山东省烟台市莱山区逛荡河畔，长约 4 920 米，于 2010 年上半年开工建设。建成后的逛荡河公园是市民休闲、娱乐的场所。

逛荡河公园中的商业开发建筑以开埠时期的建筑风格为主，公园中还设置了一些船、锚、珍珠、波浪等与海有关的景观小品，以突出莱山区的滨海特色。

逛荡河公园风景

烟台渔人码头远观

烟台渔人码头

烟台渔人码头东临黄海，北接第二海水浴场，南至原渔业码头，三面环海。景区集合了旅游、餐饮、休闲、娱乐、购物、度假等多种元素，涵盖旅游文化、都市商业、生态居住三大功能。

黄海游乐城

黄海游乐城位于烟台市莱山区滨海中路黄金海岸，总占地面积 0.24 平方千米。黄海游乐城有着得天独厚的自然环境， 同时配有欧式典雅的建筑格调，是集游、娱、食、宿、购于一体的避暑、旅游、休闲的胜地。优美的环境、热情的服务，博得了游客的高度评价和喜爱。

夜幕下的黄海游乐城

五 历史人文

莱山的造船文化

烟台当地造船业兴盛。2004 年 5 月和 10 月，人们分别于土山镇西南部、海仓村以北 5 000 米处发现隋唐时期的独木舟，还有古船构件等。

制作独木舟的原材料是楠木、榕树和杉木的挺直粗大的树干。制作时，去除枝杈后，将不准备挖掉的部分涂上湿泥，然后用火烤未涂湿泥的部位，待其呈焦炭状后，再用工具砍凿，反复多次后，就可以制成比较理想的形状。

独木舟

莱山当地的海神祭祀文化

舜时，烟台当地已有祭祀海神之礼。悠久的历史沉淀，使海神祭祀礼仪形成了一整套隆重而恭谨的制度，其中包括祭期、献官、坛庙、斋宿等活动以及用牲帛、香烛、盐鱼、米酒、瓜果等物品做祭前筹备和祭祀中斋戒、陈设、就位、迎神、奠帛、初献、亚献等10余种礼仪操作规制。

保护区管理

（一）管理机构

烟台莱山国家级海洋公园主要由莱山区人民政府与莱山区海洋与渔业局共同对海洋公园进行日常维护，由中国海监烟台市莱山区大队负责日常巡护，由山东省海洋与渔业厅进行监督管理。

（二）管理制度

海洋公园建立后，制定了《烟台莱山国家级海洋公园管理办法》《烟台莱山国家级海洋公园开发建设管理制度》《烟台莱山国家级海洋公园生态旅游活动管理制度》等多项管理制度。

（三）海岸整治

烟台四十里湾海岸整治示范项目是财政部、国家海洋局在烟台市首次实施的中央海域使用金扶持地方项目。项目建设内容包括打通黄海栈桥实心码头部分5个涵洞，

海洋公园夜景

并增设渔政船、游艇停靠功能；栈桥实心码头附近及岸线周边清淤 0.28 平方千米；新建挡浪堤 1 250 米；移植栽种 2 000 平方米柽柳；修复四十里湾莱山区段海岸线堤坝 1 500 米等。

（四）生态修复

莱山逛荡河口海域生态修复示范工程项目是国家海洋局、山东省海洋与渔业厅海域使用金专项支持的海岸整治修复项目。项目建设内容为：海岸线护岸修复；保护修复河口海域生态环境，种植还草，恢复河口湿地；河口东南侧沙滩整治；入海口及河道下游清淤；河道下游两侧护岸修复、绿化；清泉寨防波堤拆除修复；保护河口固有的生物资源等。

（五）宣传教育

相关部门对海洋公园主要做了以下宣传教育工作：向周边民众及游客介绍和宣传海洋公园的地理位置及自然环境、有关的法律法规及规章制度；设计并建设了科普宣传栏；拍摄制作了海洋公园宣传片。

烟台牟平沙质海岸国家级海洋特别保护区

YANTAI MOUPING SHAZHI HAIAN GUOJIAJI HAIYANG TEBIE BAOHUQU

保护区沙质海岸

保护区名片

地理位置	位于烟台市牟平区东北部浅滩
地理坐标	37° 27′ N ~ 37° 28′ N，121° 46′ E ~ 121° 55′ E
级别	国家级
批建时间	2011 年 6 月
面积	14.65 平方千米
保护对象	海沙资源、沙质海岸景观、海洋生物资源
关键词	沙质海岸、海洋生态家园、滨海“世外桃源”
资源数据	保护区内沙质细软、滩涂开阔，是保存较为完好的自然沙滩景观，也是多种海洋生物栖息、索饵、产卵的场地

保护区沙质海岸

二 保护区概况

烟台牟平沙质海岸国家级海洋特别保护区位于山东省烟台市牟平区，坐落于胶东半岛东北部，黄海之滨。该保护区西起姜格庄邹家疃近海，东至烟威交界处，由沙质海岸及毗连 1 000 米以内水深在 0 ~ 10 米之间的浅海区域构成。总面积 14.65 平方千米，占用岸线 12.21 千米。该保护区按照功能分为重点保护区、适度利用区以及生态与资源恢复区 3 个功能分区；以保护沙质海岸原生态、打造海洋生态家园、促进生态繁荣为目标，重点保护海沙资源、沙质海岸景观以及海洋生物资源。

该保护区内沙洁白细软、滩涂开阔，是保存较为完好的自然沙滩景观，也是多种海洋生物栖息、索饵、产卵的场地。

该保护区属于温带大陆性气候，四季分明。蓝天、碧海、金沙相映成趣，勾勒出一幅绝美的画卷。保护区西临山东省第二大岛、国家级 AAAA 级景区养马岛，东临山东省威海市，北临大海，南临绵绵松林，远离繁闹市区，洗尽铅华。

三 功能分区图

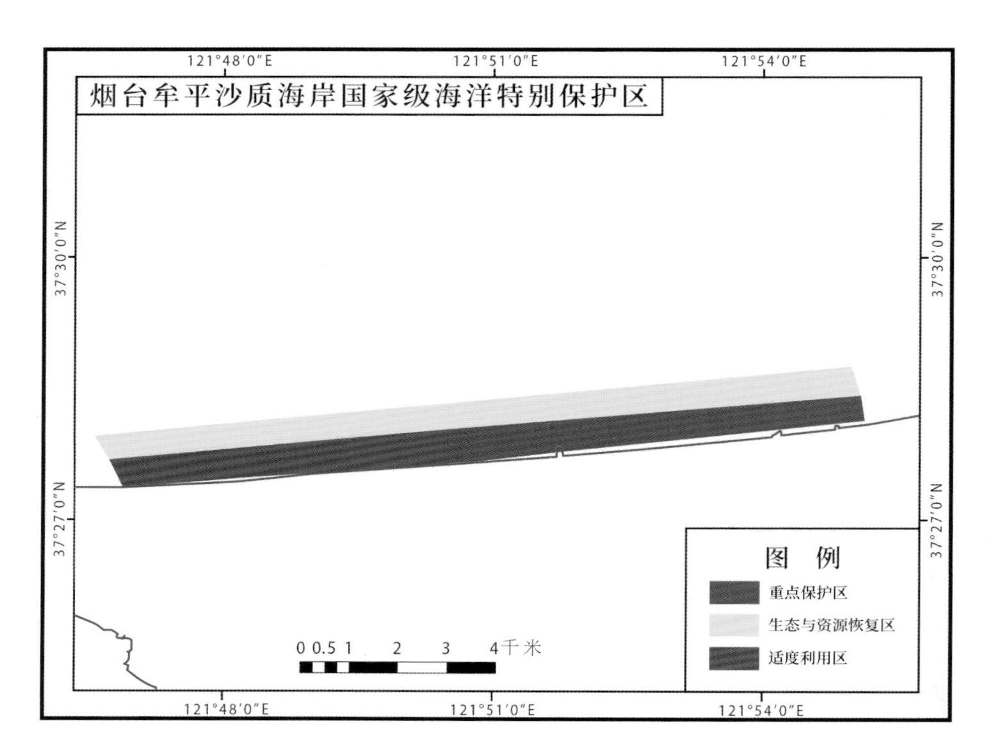

四 代表性资源

（一）动物资源

仿刺参

仿刺参

学　　名	*Apostichopus japonicus*
中文别称	刺参、沙噀、灰刺参、灰参、海鼠
分类地位	棘皮动物门海参纲楯手目刺参科仿刺参属
自然分布	在我国分布于辽宁、山东及河北等地沿海

仿刺参体呈圆筒形，两端稍细，身体柔软，伸缩性很大。身体分为背面和腹面，背面稍隆起，腹面比较平坦；背面有肉质刺状突起。口器位于围口膜中央，四周有盾状触手伸出。

仿刺参喜欢栖息于岩礁、乱石底质。主要依靠腹部密生的管足和身体肌肉的伸缩，进行缓慢而有节奏的运动。仿刺参的食物是泥沙中的单细胞藻类、原生动物、有孔虫、小型甲壳类和贝类、鱼卵、动物的幼体、海草碎片、腐殖质以及其他有机碎屑等。

仿刺参的繁殖季节受到水温的影响。产卵时生殖疣突出，卵子从生殖孔产出呈一条橘红色波浪线状。

仿刺参含有刺参素、刺参皂甙、酸性黏多糖、胡萝卜素、海胆紫酮、牛磺酸等活性物质。

（二）旅游资源

养马岛

养马岛位于保护区附近，牟平区宁海镇以北 9 000 米处，是国家 AAAA 级旅游景区，山东省“十佳旅游景区”，2008 年度“游客喜爱的魅力景区”。岛四面环海，形似扁豆，面积 13.52 平方千米。整个岛上风景秀丽，是一处融体育、娱乐与海滨休闲度假为一体的综合性旅游胜地。

养马岛远景

养马岛景点

五 历史人文

（一）民间传说

养马岛传说

相传公元前 219 年，秦始皇（前 259—前 210）东巡，行至海边，觉得有些疲惫，于是稍作休息。忽然，秦始皇骏马中的“海凫”“飞翮”二马，面向正北，引颈嘶鸣。秦始皇昂首一望，正北海面之上，突现一座海岛，岛上峰峦叠翠，龙溪曲流。一群骏马冲到海岛，或涉水畅饮，或低头啃青，或交颈相偎，或追逐奔腾。秦始皇看到此种情景，说道：“妙哉，好一个养马宝岛！”秦始皇认准这是个养马宝地，即封此岛为“皇家养马岛”，下令各地选马派员，进岛养马驯马，专供御用。

马踏飞云雕塑

（二）风土人情

牟平当地的海神信仰

蜿蜒曲折的百里牟平海岸，聚居着世世代代依海谋生、捕鱼为业的渔民。据传，渔民海上遇险，大难不死，全凭海神娘娘保佑。因此，渔民对其毕恭至诚，出海前要办的头一件事，便是把海神娘娘请上船，焚香叩拜，以保平安归来。行船中，遇到滔天恶浪时，便烧纸焚香，跪拜磕头；出海回来后，同样先把海神娘娘请下船。

渔民家里供奉的海神娘娘

六 保护区管理

自保护区成立以来，牟平区海洋与渔业局通过实施盗采海沙专项执法检查、增殖放流、投放生态鱼礁等举措，使保护区内杜绝了盗采海沙的非法行为，海沙资源得到有效保护，保护区内生物多样性得到修复，资源量逐年提高。

（一）管理机构

牟平区编办已正式备案批准成立烟台牟平沙质海岸国家级海洋特别保护区管理处，为牟平区海洋与渔业局下属股级全额拨款事业单位。

（二）管理制度

为加强对保护区的管理，2015 年牟平区海洋与渔业局印发了保护区管理制度、开发利用制度、巡护制度、科考制度以及宣教制度，并张贴上墙，用于指导保护区的日常管理和养护等工作。

（三）基础设施

边界设施：保护区现有界碑 2 个，分布于保护区东西两端；界牌 12 个，分布于保护区岸线各人员密集区；界桩 24 个，分布于保护区路上界址线上，每 500 米 1 个；浮标 6 个，平均分布于保护区海上界址线。

视频监控系统：保护区现已设立远红外监控系统 1 套，位于云溪近岸，可监控保护区 60% 的范围。

在线监测：设有海洋生态监测系统 1 套，能够实时监测海水温度、盐度、溶解氧、pH 等水质基础数据。

（四）日常管护

保护区管理处每周巡护一次，留有巡护记录；保护区执法检查，主要依托中国海监牟平区大队开展。

保护区适度利用区，允许以旅游观光、休闲渔业等为重点的产业开发利用。适度利用区内主要开展了由山东东方海洋科技股份有限公司建设的海钓基地项目，包括人工岸线建设、沙滩回填、废弃建筑拆除等工程。

（五）宣传教育

保护区管理处在每年 6 月 8 日世界海洋日暨全国海洋宣传日，通过地方媒体宣传、制作宣传画册、发放宣传材料等方式，在当地进行宣传教育活动，提高群众对保护区的认知，增强社会海洋环境保护意识。

养马岛日出

威海小石岛国家级海洋特别保护区

WEIHAI XIAOSHIDAO GUOJIAJI HAIYANG TEBIE BAOHUQU

一 保护区名片

地理位置	位于山东省威海市火炬高技术产业开发区西北部，西与烟威高速公路相接，外海是烟威渔场的东部
地理坐标	核心区为 37° 31′ 29.00″ N，122° 00′ 43.50″ E
级别	国家级
批建时间	2011 年 5 月
面积	30.70 平方千米
保护对象	刺参、小石岛
关键词	海珍品养殖基地、人工鱼礁、北方最大渔港
资源数据	保护区内小石岛人工鱼礁区渔获物种类有鱼类 20 种、甲壳类 10 种、棘皮动物 3 种、软体动物 3 种；盛产鲳鱼、鲅鱼、中国对虾、鹰爪虾等海产品，人工养殖有海带、裙带菜等

保护区远景

保护区概况

小石岛分为东、西两个岛屿，大岛在西，名石岛；小岛在大岛与陆地之间，名里岛。从高空俯瞰，小石岛像是嵌在海面上的金镶玉宝石，绿油油的灌木丛位于中间，沿岛周边的海滩则似一圈金边。

威海小石岛国家级海洋特别保护区总面积 30.70 平方千米，其中重点保护区面积 14.36 平方千米，生态与资源恢复区面积 12.40 平方千米，适度利用区面积 3.90 平方千米，预留区面积 0.04 平方千米。该保护区内生态环境良好。根据 2016 年上半年的监测结果，保护区海域水质总体符合第一类海水水质标准，沉积物符合海洋沉积物第一类标准，富营养指数和有机污染指数均处于较低水平；生物多样性保持稳定，但是个别优势种优势度较高。

该保护区内盛产黄花鱼、鲳鱼、鲅鱼、带鱼、加吉鱼、中国对虾、鹰爪虾、海螺等海产品。人工养殖有海带、裙带菜、紫菜等。近年来大力发展了中国对虾、扇贝、贻贝等的人工养殖。人工鱼礁区渔获物种类有鱼类 20 种、甲壳类 10 种、棘皮动物 3 种、软体动物 3 种。

小石岛山清水秀，受海洋季风影响，夏无酷暑，冬无严寒，加上交通便利，海产品丰富，是避暑和旅游的好地方。该保护区的旅游资源丰富，类型齐全，主要有影视城风景区、海水浴场休闲区、高尔夫球场区等几大类型。

功能分区图

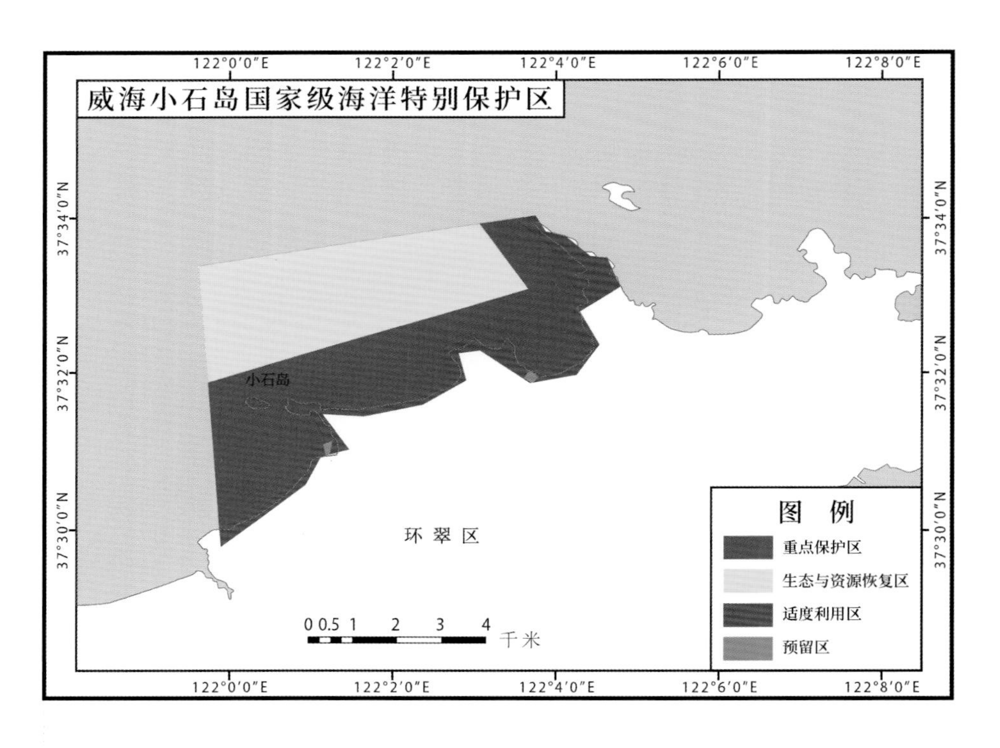

代表性资源

（一）动物资源

鲳鱼

学　名	*Pampus*
中文别称	白鲳、镜鱼、平鱼
分类地位	脊索动物门辐鳍鱼纲鲈形目鲳科
自然分布	在我国沿海均有分布，其中以东海和南海海域较多

鲳鱼

鲳鱼身体侧扁，从侧面看呈菱形。体长在20厘米左右，尾巴分叉很深，好像燕子的尾巴。鳞片为圆形，非常细小，多数鳞片上有细微的黑色小点。

鲳鱼为近海中下层鱼类，平时分散栖息于潮流缓慢、水深20 ~ 70米的海域中。它们以浮游动物等为主要食物。鲳鱼有季节性洄游现象，5月进入产卵场，6 ~ 7月为产卵盛期。

鲳鱼营养丰富，富含蛋白质、脂肪、糖及钙、磷、铁等矿物质。

中国对虾

学　　名	*Penaeus chinensis*
中文别称	东方对虾、中国明对虾
分类地位	节肢动物门软甲纲十足目对虾科对虾属
自然分布	在我国分布于黄海、渤海及东海北部海域

中国对虾

中国对虾体形长，稍有些侧扁，全身都包着很薄的甲壳。身体分为头胸部和腹部，由 21 节构成。除头胸部第 1 节和尾节外，其他每节都有 1 对附肢。腹部细长，每节甲壳各自分离，所以腹部可以自由弯曲。

中国对虾是广食性海洋动物，食物范围很广，且随着不同的生长阶段而变化。其主要摄食硅藻类、小型甲壳类、多毛类等。

中国对虾的生殖活动分为两个阶段。雄虾约在 10 月成熟，交尾在 10 ~ 11 月，交尾时雄虾将精荚贮藏于雌虾交接器中，一直保存至第 2 年产卵。雌虾至第 2 年 4 月下旬开始产卵。

中国对虾营养成分丰富，蛋白质、维生素等含量很高，其肉及壳皆可入药。

鲐

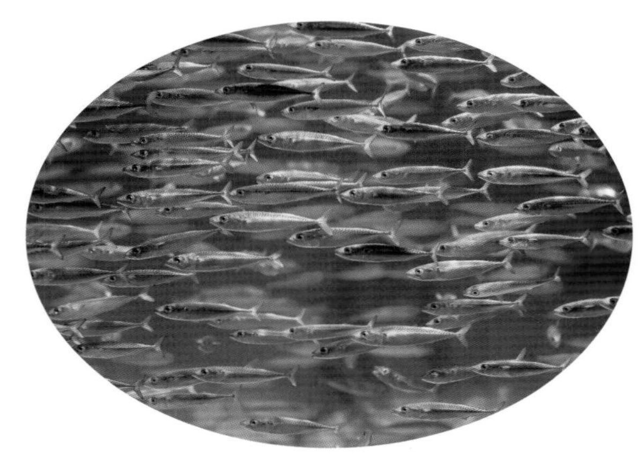

鲐

学　名	*Scomber japonicus*
中文别称	青花鱼、油胴鱼、花池鱼、花巴、花鳀、青占、花鲱、巴浪、鲐鲅鱼
分类地位	脊索动物门辐鳍鱼纲鲈形目鲭科鲭属
自然分布	在我国分布于黄海、东海及南海海域

鲐的身体粗壮且稍微扁平，呈纺锤形。头大、眼大、口大。上、下颌一样长，各长有 1 行细牙。身体表面覆盖有细小的圆鳞。体背呈青黑色或深蓝色；腹部为白色，略带有黄色。有 2 个背鳍，尾鳍呈深叉形，胸鳍为黑色，臀鳍为浅粉红色，其他各鳍为淡黄色。

鲐具有趋光性，栖息在中上层，不进入淡水。鲐每年都进行远距离洄游，游泳能力强，速度快，在生殖季节常结成大群到水面活动。鲐分批产卵，多在夜间进行。卵具有一个油球，为非常淡的米黄色。

鲐为我国重要的经济鱼类之一，肉味鲜美，营养价值很高，富含蛋白质和钙、铁、磷等人体所需的微量元素。

（二）旅游资源

赤山风景名胜区

赤山风景名胜区海景壮观，山色秀美，与石岛港相毗邻，山、海、湖、港互为一体。

赤山风景名胜区十大景观交相辉映，美不胜收，拥有胶东著名千年古刹——赤山法华院；震撼世界的观音动感音乐喷泉广场——极乐菩萨界；世界最大的海神像——赤山明神像；韩国“海上王”张保皋大使的纪念地——张保皋传记馆；中国北方民俗文化博览园——荣成民俗馆；中国最大的水石文化馆——世廉雅石馆；森林公园——天门潭；海上乐园——国际海水浴场；人居福地——凤凰湖旅游度假区，是滨海风情游，山海景观游，渔业民俗游，宗教朝圣游的首选场所。

赤山风景

张保皋雕像

石岛天后宫

石岛天后宫位于荣成市石岛管理区港湾街道办事处石岛街，始建于清乾隆十六年（1751），由山西洪洞县商人王一德募捐兴建。

天后宫建筑面积近1 300平方米，总共有殿堂楼阁和厢房廊轩48间。院门楼有两层，上层为戏楼，下层为通道。院北为天后宫的殿门，明柱瓦顶，朱漆金镂，虽残损严重，但仍透出往日的庄严。天后宫圣母大殿坐北朝南，高约8米。大殿之后为阁楼，高9米。阁楼的门窗、梁壁雕刻绘饰得十分美观。

1984年，石岛天后宫被公布为县级文物保护单位。

五 历史人文

（一）民间传说

赤山明神的传说

石岛赤山供奉的主神是赤山明神。据史料记载，明神是古代先民崇拜的太阳神，为历代皇帝在国家典祀中祭拜的主神。明神在天界的时候被称作“辅星”（七福神之中的福禄寿神），可带给人们财富、智慧、长寿；在人间被称作“泰山府君”，掌管世间万物的命运。

赤山明神就是明神在赤山的化身，他受到商贾的崇拜，因其可以繁荣商家的买卖，保护人们的财产。明神还是海上的保护神，其手抚四海能平海上恶浪，为渔船保驾护航。

赤山明神雕像

（二）风土人情

石岛渔家大鼓

石岛渔家大鼓是沿海渔民在长期的渔业生产过程中形成的以庆典为主要内容的传统民间文化活动，发源于山东省荣成市石岛区大鱼岛村，迄今已有 300 多年的历史。石岛渔家大鼓演奏的主要乐器有一鼓、二钹、大钹、大锣、小锣和小镲等。演奏时锣、鼓为主打乐器，二钹起着指挥的作用。

石岛渔家大鼓已经成为山东半岛渔民喜爱的文化娱乐活动，锣鼓敲打起来的热烈气氛也成为沿海各地渔民相互交流的纽带，具有不可替代的价值。

石岛渔家大鼓

六 保护区管理

（一）管理机构

威海小石岛国家级海洋特别保护区由威海市海洋环境监测中心兼管。威海市海洋环境监测中心为国家海洋局和威海市政府共建单位，监测中心主要职能包括海洋环境监测、海域动态监管、海洋观测预报、海洋应急处理等。

（二）管理制度

威海市海洋环境监测中心具备完整的组织机构及人事管理制度，在此基础上，根据保护区现有开展的工作，为加强对保护区工作的管理力度，建立了保护区的相关规章管理制度，主要有《威海市区国家级海洋生态特别保护区暂行管理办法》《威海市区国家级海洋生态特别保护区巡查管理制度》《威海市海洋环境中心保护区项目管理制度》。

（三）基础设施

保护区基础设施较为完善，已有的设施包括边界设施（界碑、界桩、海上浮标），宣传设施（宣传栏、灯杆宣传牌），警示牌，保护区管理中心等设施。

保护区管理单位具备相对完整的监测、监控体系，具备水质、生物体及沉积物的监测能力。

保护区巡查执法主要由威海市海洋与渔业局海监支队负责。海监支队执行日常巡查和不定期检查相结合的方法，重点对保护区内违规拉网捕捞、偷沙盗沙等行为进行打击。

（四）日常管护

威海市海洋环境监测中心根据自身特点，在获取保护区周边环境数据的基础上，对保护区周边海域环境评价结果及保护区环境中可能存在的问题，以通报的形式上报市局，主要管护的内容体现在：保护区及周边海域生态环境现状及可能存在的问题；保护区海域使用动态；保护区岸线长期变化；保护区及周边海洋工程建设情况及对周边海域产生的影响。

（五）宣传教育

保护区具备基础的宣传设施，包括宣传栏和宣传牌。另外，通过《中国海洋在线》《威海日报》《中国海洋报》等媒体，积极宣传保护区相关内容。

保护区远景

威海刘公岛海洋生态国家级海洋特别保护区

WEIHAI LIUGONGDAO HAIYANG SHENGTAI GUOJIAJI HAIYANG TEBIE BAOHUQU

保护区名片

地理位置	位于山东省威海市环翠区，向北隔海与大连市遥相对应，向东与朝鲜半岛隔海相望；东南与荣成市相接，西南与文登市为邻，西与烟台市接壤
地理坐标	37° 15′ N ~ 37° 34′ N，121° 51′ E ~ 122° 24′ E
级别	国家级
批建时间	2009 年 8 月
面积	11.88 平方千米
保护对象	区域内无人海岛
关键词	“东海锁钥”、天然水寨、刘公岛国家森林公园
资源数据	保护区包括刘公岛及邻近的大泓岛、小泓岛、日岛、黑岛、青岛、黄岛、连林岛、牙石岛、黑鱼岛 9 个无居民海岛；海洋资源丰富，有鲨鱼、鲳鱼、鲈鱼、鳕鱼、河豚、对虾、梭子蟹、海蜇、海参等

保护区概况

威海刘公岛海洋生态国家级海洋特别保护区包括刘公岛及邻近的大泓岛、小泓岛、日岛、黑岛、青岛、黄岛、连林岛、牙石岛、黑鱼岛 9 个无居民海岛，总面积为 11.88 平方千米。该保护区分为重点保护区、适度利用区和生态修复区 3 部分。保护区内生物多样性较为稳定，主要表现在优势生物优势度较大，优势种为具槽帕拉藻和洪氏纺锤水蚤。

国家级旅游风景区刘公岛位于该保护区内，其地势北高南低。北坡崖壁峭立，岩礁密布，属海蚀岩海岸，是垂钓、探险的绝好去处；南部沙平水缓，浴场众多，是沙砾质海岸，为赶海、游泳的好地方。

刘公岛濒临黄海南部的烟威渔场，海洋资源非常丰富，主要有鲨鱼、鲳鱼、鲈鱼、鳕鱼、河豚、对虾、梭子蟹、海蜇、海参等。沿海潮间带和 15 米等深线以下的潮下带，共有生物 200 余种。

整个海岛植物茂密，郁郁葱葱，以黑松为主，另有龙柏、朴树、大叶榉等100多种树种。良好的自然环境给野生动物提供了极好的栖息场所。常见的鸟类有黄鹂、斑鸠、百灵、布谷鸟、啄木鸟、海鸥等十几种。

功能分区图

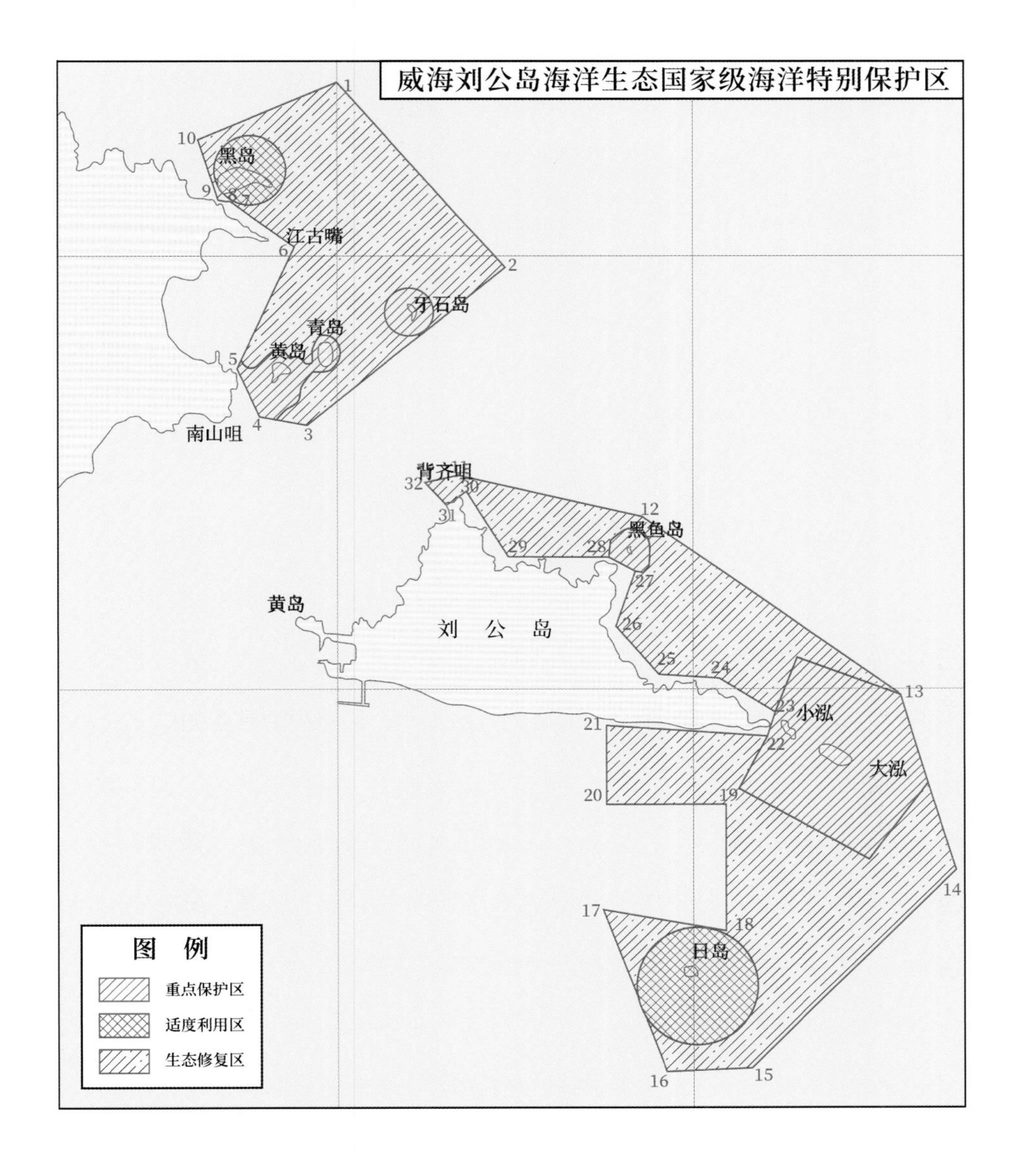

四 代表性资源

（一）动物资源

假睛东方鲀

假睛东方鲀

学　名	*Takifugu pseudommus*
中文别称	黑廷巴、廷巴鱼、气泡鱼、河鲀
分类地位	脊索动物门辐鳍鱼纲鲀形目鲀科东方鲀属
自然分布	在我国分布于渤海、黄海、东海海域以及长江和黄河流域及河口

假睛东方鲀身体近圆柱状，头胸部较粗，微侧扁。头钝圆，上、下颌骨与齿愈合，各形成 2 个大齿板，中央骨缝明显。侧线发达，体侧皮褶发达。有 1 个背鳍，镰形。臀鳍与背鳍相对，形状相同。胸鳍宽而短。尾鳍宽大，后缘平截形。成鱼身体青黑色，腹部乳白色；体侧胸斑大，黑色，白色边缘明显，胸斑后方常有 1 列较小黑斑，不规则散布。

假睛东方鲀是近海暖温性中型底层鱼类，栖息于海草丛生的环境。主要以软体动物、甲壳动物、小鱼等为食。

假睛东方鲀肉味鲜美，经济价值高，但其卵巢、肝脏有剧毒，误食很危险。

山斑鸠

学　　名	*Streptopelia orientalis*
中文别称	斑鸠、东方斑鸠、花翼、金背斑鸠、绿斑鸠、山鸽子、雉鸠、棕背斑鸠
分类地位	脊索动物门鸟纲鸽形目鸠鸽科斑鸠属
自然分布	在我国分布于北自黑龙江，南至海南岛、香港和台湾，西至新疆、西藏

山斑鸠

山斑鸠为中型鸟类，体长 28 ~ 36 厘米。虹膜金黄色或橙色，嘴铅蓝色。上体大都褐色，颈基两侧具有黑色和蓝灰色颈斑，肩具显著的红褐色羽缘，尾黑色具灰白色端斑，飞翔时呈扇形散开。下体主要为葡萄酒红褐色，脚红色。

山斑鸠栖息于低山丘陵、平原和山地阔叶林、混交林、次生林、果园和农田耕地以及宅旁竹林和树上。常成对或成小群活动，有时成对栖息于树上，或成对一起飞行和觅食。主要食物是各种植物的果实、种子、嫩叶、幼芽，也吃农作物，如稻谷、玉米、高粱、小米、黄豆等，有时也吃鳞翅目幼虫、甲虫等昆虫。

山斑鸠繁殖期在 4 ~ 7 月，一般年产 2 窝，每窝产卵 2 枚。卵白色，椭圆形，光滑无斑。由雌雄亲鸟共同抚育，雏鸟将嘴伸入亲鸟口中取食。

（二）植物资源

黑松

黑松

学　　名	*Pinus thunbergii*
中文别称	白芽松
分类地位	裸子植物门松柏纲松柏目松科松属
自然分布	在我国东北、华北及华东等地均有栽培

黑松属常绿大乔木，高可达 30 米。幼皮为暗灰色，老皮则为灰黑色，粗厚，裂成块片脱落。枝条开展，树冠呈宽圆锥状或伞形。冬芽为银白色。叶为深绿色，粗硬，长 6 ~ 12 厘米。雄球花为褐色，呈圆柱形；雌球花直立、有梗，为卵球形，呈淡紫红色或淡褐红色。球果成熟前为绿色，熟时呈褐色，呈圆锥状卵形或卵形。花期为 4 ~ 5 月，种子次年 10 月成熟。

黑松生长慢，寿命长，抗病虫能力强；喜光，耐干旱瘠薄，不耐水涝；较耐寒、耐海雾、抗海风，尤其适合生长于温暖、湿润的海洋性气候区域。黑松以播种繁殖为主，也可压条繁殖、扦插繁殖，但成活率较低。

黑松四季常青，是著名的海岸绿化树种，可作防风、防潮、防沙林带及海滨浴场附近的风景林，也可作行道树、庭荫树等。黑松也是培育桩景、盆景的优良素材，观赏价值甚高。

（三） 旅游资源

刘公岛国家森林公园

刘公岛国家森林公园位于刘公岛上，总面积约 2.67 平方千米，是一座驰名中外，集自然风光和人文景观于一体的国家级森林公园。园内有北洋海军忠魂碑、旗顶山炮台、忠魂碑炮台、所后炮台、刘公亭、军魂亭、动物园、刘公像、五花石、听涛亭、刘公泉、龙柏三弟兄、玉花石、板礓石、贝草嘴 15 处名胜景点。

刘公岛国家森林公园

历史人文

刘公岛的传说

数百年以前，一条来自南方的大船突然遇到了大风。艄公们奋力与风浪搏斗，祈望能找到一处可以躲避风浪的地方。然而，哪里有可以避风的地方呢？风越来越猛，浪越来越大，大船在风浪中颠簸着。

就这样，几天几夜过去了，风浪仍不见停息。一天夜里，在绝望中，艄公们突然发现前方有火光闪烁。艄公们顿时精神抖擞，拼命向着火光划去。渐渐地，前方显现出一个岛屿，那火光就在岛上闪烁。船终于靠岸了，艄公们朝着火光走去，发现有一栋木屋。

艄公们急忙上前敲门。门开了，一位老翁出现在门口。众人一边打躬作揖，一边向老翁诉说着自己的遭遇，希望老翁能施舍些茶饭。老翁爽快地答应，并呼一位老媪

刘公刘母泥塑

出来与众人相见。饭后艄公们感激不尽，向两位老人拜谢，并询问其尊姓大名。老翁笑答道：“此为刘家岛，老朽姓刘。”说罢，他又取出一袋粮食相赠，送众人回船。

次日，风平浪静。艄公们上岛取水，寻遍全岛，不见昨夜的那栋木屋，也不见两位老人的踪影，但见岛上树木葱茏、鸟语花香。众人这才醒悟，皆曰：“我们大福，遇到神仙了！”

为了感谢刘公和刘母的救命之恩，众艄公集资在岛上修了一座庙，庙内有刘公刘母泥塑双像。该岛也逐渐地被称为“刘公岛”。

保护区管理

（一）管理机构

威海刘公岛海洋生态国家级海洋特别保护区由威海市海洋环境监测中心兼管。根据现有科室的职能，威海市海洋环境监测中心对该海洋特别保护区的管理进行以下职能分工。

办公室：主要负责保护区的宣传及完善保护区的各项规章制度。

评价室：主要负责保护区生态环境现状评价及保护区建设项目的申请并编制实施方案。

监测室：主要负责保护区的日常巡查及保护区生态环境监测数据的获取。

海域动态室：主要负责保护区工程项目的跟踪以及保护区内海域使用现状的调查。

（二）管理制度

威海市海洋环境监测中心为加强对保护区工作的管理力度，建立了相关规章制度，主要有《威海市区国家级海洋生态特别保护区暂行管理办法》《威海市区国家级海洋生态特别保护区巡查管理制度》《威海市海洋环境中心保护区项目管理制度》。

（三）日常管护

威海市海洋环境监测中心根据自身特点，在获取保护区周边环境数据的基础上，对保护区周边海域环境评价结果及保护区环境中可能存在的问题，以通报的形式上报市局。监测分析的主要内容如下：保护区及周边海域生态环境现状及可能存在的问题；保护区海域使用动态；保护区岸线长期变化；保护区及周边海洋工程建设情况及对周边海域产生的影响。

（四）科研监测

作为保护区的监管单位，威海市海洋环境监测中心具备相对完善的生态环境监测监控体系。从保护区成立之初，监测中心对保护区进行定时定点的监测，并形成监测评价报告。

（五）宣传教育

保护区具备基础的宣传设施，包括宣传栏和宣传牌。保护区宣传手册已制作完成。

保护区远景

刘公岛国家级海洋公园

LIUGONGDAO GUOJIAJI HAIYANG GONGYUAN

刘公岛博览园

保护区名片

地理位置	位于山东半岛最东端的威海湾内
地理坐标	核心区为 37° 30′ 19.79″ N，122° 11′ 16.81″ E
级别	国家级
批建时间	2011 年 5 月
面积	3 828 平方千米
保护对象	刘公岛岛上历史遗迹、刘公岛日岛的自然岸线
关键词	中国甲午战争博物馆、“东隅屏藩”“不沉的战舰”
资源数据	海洋公园植被覆盖率达 87%，有植物 100 多种、动物 20 多种，其中银杏、水杉、鹅掌楸为国家重点保护野生植物，梅花鹿为国家一级重点保护野生动物

二 保护区概况

刘公岛国家级海洋公园于 2011 年被正式批准成立，是依托刘公岛为核心的，包括海洋与海岛历史文化资源的海洋公园。海洋公园的面积为 3 828 平方千米，分为重点保护区、适度利用区、预留区和生态与资源恢复区。

刘公岛景区

该海洋公园依托刘公岛，植被覆盖率达 87%，有植物 100 多种、动物 20 多种，其中银杏、水杉、鹅掌楸为国家重点保护野生植物，梅花鹿为国家一级重点保护野生动物。

根据 2016 年上半年监测结果，该海洋公园海域水质总体符合第二类海水水质标准，沉积物符合海洋沉积物第一类标准，富营养指数和有机污染指数均处于较低水平；生物多样性保持稳定。

刘公岛上的海军公所

该海洋公园根据海域及海岛的自然资源条件、环境状况、地理区位、开发利用现状，并考虑地区经济与社会持续发展的需要，划分各类具有特定主导功能，有利于资源保护与合理利用，能够发挥最佳效益的区域。

三 功能分区图

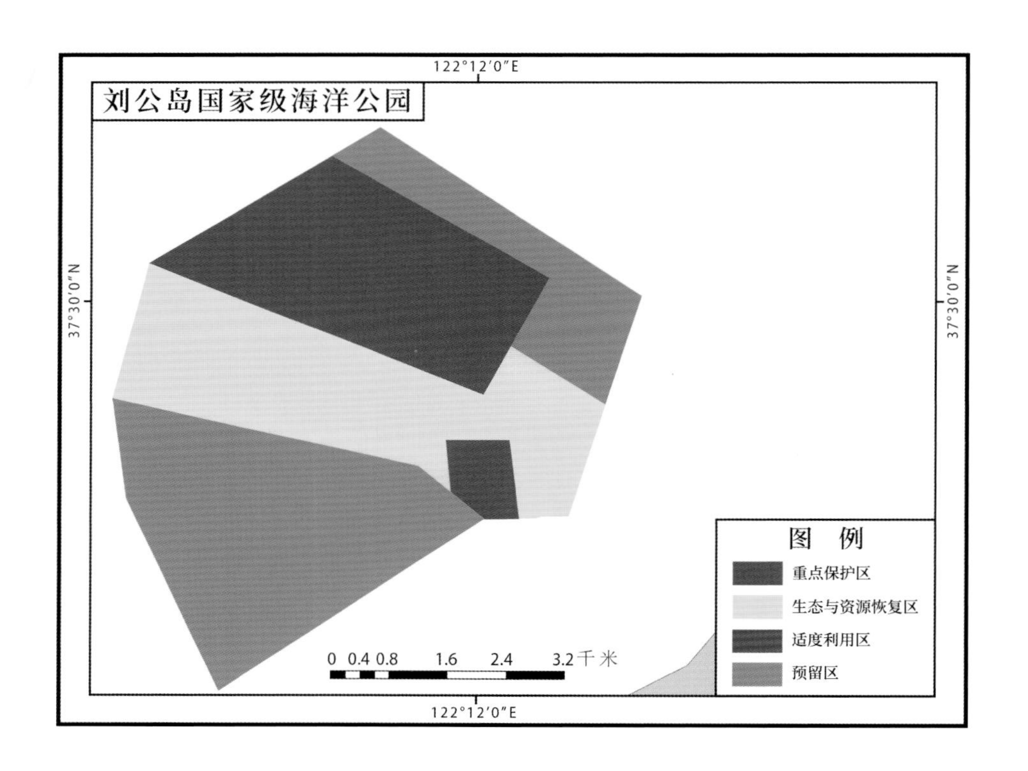

代表性资源

（一）动物资源

梅花鹿

梅花鹿

学　　名	*Cervus nippon*
中文别称	花鹿、鹿
分类地位	脊索动物门哺乳纲偶蹄目鹿科鹿属
自然分布	在我国分布于东北三省、安徽、江西和四川等地

梅花鹿为国家一级重点保护野生动物，体形中等。公鹿有角，母鹿无角。耳稍长，直立，能转动。公、母鹿眼下均有一对泪窝。颈部细长，躯干部匀称，尾短小，四肢细长。由颈部至尾基部，沿脊柱有一条 2 ～ 4 厘米宽的黑褐色或棕色背中线，背中线两侧分布有白色斑点。腹部毛色呈灰白色或近于白色。

梅花鹿食性广，适应性强；性情温顺，善跑跳，喜群居；行动谨慎，胆小怕人。

梅花鹿的生长发育要经历胚胎初期、胎儿期、仔鹿哺乳期、幼年期、青年期、成年期几个阶段，每个时期都有一定的规律性。母鹿一般于出生后 15 ～ 18 个月龄配种怀胎，交配期在 8 月底至 10 月，次年 4 ～ 6 月产仔。

（二）植物资源

银杏

银杏

学　　名	*Ginkgo biloba*
中文别称	白果树、公孙树、鸭脚树
分类地位	裸子植物门银杏纲银杏目银杏科银杏属
自然分布	我国各地均有分布，主要集中在中部地区

银杏树的叶子为扇形，两裂，生长在一个长的柄上，在树枝上交替排列。叶脉是开放的耙状，没有交叉。叶子上面还有明显的、微微凸起的叶脉，看起来像棱纹。在秋季，银杏树的叶子会变成黄色。

银杏树雌雄异株。雌银杏树所结球果通常仅一个叉端的胚珠发育成种子。雄球花柔荑花序状下垂；雌球花具长梗，梗端常分 2 叉，有时不分叉或分成 3 ~ 5 叉。

银杏对昆虫和空气污染极具抵抗力，只要土壤肥沃、阳光充足就可以生长。

水杉

水杉

学　　名	*Metasequoia glyptostroboides*
中文别称	水桫
分类地位	裸子植物门松杉纲松杉目柏科水杉属
自然分布	在我国分布于湖北、重庆及湖南交界一带

水杉为落叶乔木，高可达 35 米。幼树树冠是尖塔形，老树树冠为广圆形，枝叶稀疏；树皮为灰褐色，呈薄片状或长条状脱落，内皮为淡紫褐色。叶子为条形，上面为淡绿色，下面色较淡，呈羽状排列。球果有 4 条棱，成熟前为绿色，熟时为深褐色。花期为 2 ～ 3 月，球果 10 ～ 11 月成熟。

水杉喜光，耐水湿，抗寒，冬季可耐 -25℃的低温。

鹅掌楸

鹅掌楸

学　　名	*Liriodendron chinense*
中文别称	马褂木、双飘树
分类地位	被子植物门双子叶植物纲木兰目木兰科鹅掌楸属
自然分布	在我国主要分布于陕西、安徽以南，西至四川、云南，南至南岭山地

鹅掌楸是落叶大乔木，高可达40米；树冠呈圆锥状。叶为马褂形，长10 ~ 18厘米，叶柄长4 ~ 16厘米。花为黄绿色，花期为4 ~ 6月。果实9 ~ 10月成熟。

鹅掌楸喜光及温暖、湿润的气候；喜肥沃而排水良好的酸性土壤，忌低湿水涝。

（三）旅游资源

中国甲午战争博物馆

中国甲午战争博物馆是以北洋水师和甲午战争为中心内容的纪念性博物馆，创建于1985年。

该馆负责管理保护已开放的北洋水师提督署、丁汝昌寓所、水师学堂、旗顶山炮台、黄岛炮台等28处北洋水师旧址。该馆收藏了大量珍贵文物，其中海底出水的两门巨型舰炮，每门重20多吨。

威海水师学堂

中国甲午战争博物馆是一处以建筑、雕塑、绘画、影视等综合艺术手段展示甲午海战悲壮历史的大型纪念馆，由序厅、北洋水师成军、颐和园水师学堂、半岛海战、平壤之战、黄海大海战、旅顺基地陷落、血战威海、尾声厅九大部分组成，再现了北洋水师从成军到覆没的全过程。

整个陈列馆气势宏大。外形有如几艘互相撞击穿插的船体，坐落在当年定远舰搁浅的地方，悬浮于海上。18 米高的主体建筑上塑造了一尊 15 米高的北洋水师将领像，为国内人物雕塑之最。

1988 年，中国甲午战争博物馆被国务院公布为全国重点文物保护单位，是进行爱国主义教育、海防教育和海洋观教育的优秀基地，被评为 “全国爱国主义教育示范基地”。

博物馆一隅

丁汝昌寓所

丁汝昌寓所位于北洋水师提督署西北约200米处，建于1888年。北洋水师成立后，丁汝昌（1836—1895）携家眷迁居刘公岛，在此居住达6年之久。

丁汝昌寓所前雕像

该建筑坐北朝南，东西走向，占地约7 000平方米，为砖石结构，古朴大方，清幽雅致。西院为内寓；东院为侍从住房；中院为丁汝昌办公会客的地方，与西院有圆门相通，如今陈列着丁汝昌生前用过的家什、字画。内有一株百年紫藤，相传是丁汝昌亲手栽植，如今仍很茂盛，为寓所增光添彩。

刘公岛上的龙王庙

龙王庙位于北洋水师提督署西约 100 米处，建于明朝末年。整个建筑古朴典雅，有前后殿、东西厢房，均为举架木砖结构。正殿中间有龙王塑像，两边墙壁绘有古代传说典故的彩图，形象逼真。东厢房陈列着两块石碑，分别题刻“柔远安迩”和“治军爱民”，均为清光绪十六年（1890）刘公岛绅商所立。

旧时，每年的农历正月初一或六月十三龙王生日这天，刘公岛上的渔民纷纷进香跪拜，祈求龙王保佑海上平安。中日甲午战争前，凡过往船只要在岛上停靠，船上人员皆来此拈香祈福。

刘公岛上的龙王庙

日岛及日岛炮台

日岛在刘公岛东南面，距刘公岛约 2 000 米。岛长 120 米，宽 80 米，高 13.8 米，岸线长 880 米。此岛原只是露出海面的一片礁石，远远望去，像衣服漂浮在水面，故古称“衣岛”。又因从陆上观看，此岛位于东海日出的方向，在清初改称为“日岛”。清光绪年间，北洋海军从南岸运土将日岛加高。岛上有一座修建于 1889 年的地阱炮台。在中日甲午战争中的刘公岛保卫战中，日岛炮台守军冒着日军舰炮、岸炮的炮火，英勇反击，击伤敌舰 3 艘，立下不朽功勋。

日岛炮台

五 历史人文

（一）人物故事

丁汝昌以身殉职

1895年1月25日，日军分两路向威海杀来。由于双方兵力悬殊，南、北帮炮台相继失守。威海失陷，刘公岛四面被围，成为孤岛。丁汝昌临此危难，抗敌决心毫不动摇。他坚信，只要陆上援军来，刘公岛之围便可解。因此，他一边顽强抵抗，一边修书派人偷渡上岸求援。可是，不仅援军始终未到，投降派又活跃起来。一些洋员和将领，为了保全性命，密谋策划投降。丁汝昌洞悉这个阴谋，对他们表示决心："我知事必出此，然我必先死，断不能坐睹此事！"

丁汝昌雕像

日本海军倾巢出动，轮番向刘公岛、日岛及港内进行轰击。丁汝昌等爱国将领指挥北洋海军和两炮台将士猛烈还击，激战数日。战斗持续到2月11日，丁汝昌盼援不至，见大势已去，无可挽回，无奈中自杀，以谢国人。丁汝昌英勇抗击日军，以身殉职，表现了坚贞不屈的爱国精神。

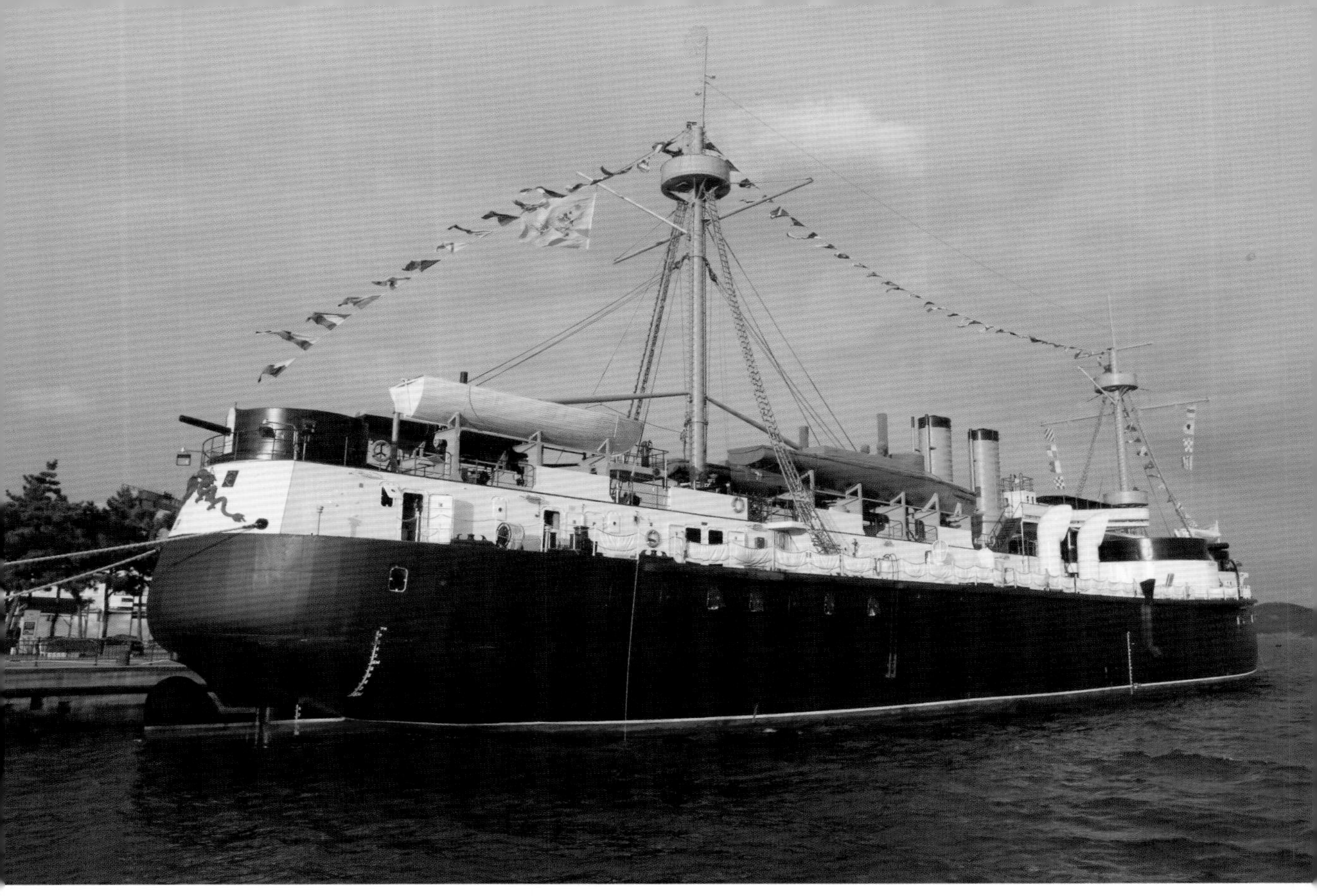

复原的北洋水师定远舰

萨镇冰血战日岛

日岛之战，是中日甲午战争中威海保卫战的重要战斗，其指挥者是萨镇冰。

萨镇冰（1859—1952），字鼎铭，福建福州人。1869 年，考入福州船政学堂，学习航海驾驶。1875 年，萨镇冰被派往扬武练船见习，远航新加坡、槟榔屿及日本等地。

1894 年 7 月 25 日，中日甲午战争爆发。为了加强威海卫港的防卫，丁汝昌调萨镇冰率康济舰 30 名官兵守护日岛炮台。萨镇冰临危受命，不顾个人安危，沉着指挥，奋勇抵抗日军水陆两路的攻击，充分体现了军人履行职责、不怕牺牲，反抗外来侵略的民族精神。

（二）历史故事

北洋水师与刘公岛

清光绪年间，清政府创办近代海军。1883 年，在刘公岛设机械厂、鱼雷营料库、雷厂等。1887 年，在刘公岛上建北洋水师提督署。

北洋水师正式成军后，丁汝昌、刘步蟾、林泰曾等重要将领以及汉纳根、马格禄、浩威等洋员，均住在岛上官邸。1894 年，中日甲午战争爆发。1895 年 1 月，日本海陆军 3 万余人围攻威海卫，南、北岸炮台均被敌人占领，海陆围攻，北洋水师孤军奋战，最后全军覆没。

北洋水师雕像

（三） 民间传说

日岛海市的传说

日岛旧称“衣岛”，位于刘公岛南侧。天气晴朗时，在水天相接的海面上，有时会突然显现出一群小岛，时而有车马伞盖、仪仗旗幡。这便是所谓“瑶岛春光灿水云”的“日岛海市”。

长久以来，威海流传着一个关于“日岛海市”的美丽传说。多年前，刘公岛上住着刘公父女二人。一天，父女俩和女儿的未婚夫正在田间劳动，忽然从海面开来一艘船，船上都是倭寇。倭寇把岛上粮果和钱财抢劫一空，倭寇头子还要霸占刘公之女做夫人。刘公、未婚夫与倭寇头子展开搏斗，结果刘公被打死，未婚夫被扔进海里。姑娘压住心中悲愤之情，心生一计，假意应允。当船行至东泓时，姑娘将倭寇头子骗到甲板上“赏景”，趁其不备，抱着他滚进大海里。

投海后，姑娘和未婚夫在阴间结了婚。由于这个美丽的传说，“日岛海市”历来为文人墨客反复咏叹。

保护区管理

（一）管理机构

刘公岛国家级海洋公园由威海市海洋环境监测中心兼管。威海市海洋环境监测中心为国家海洋局和威海市政府共建单位，监测中心主要职能包括海洋环境监测、海域动态监管、海洋观测预报、海洋应急处理等。

（二）管理制度

威海市海洋环境监测中心具备完整的组织机构及人事管理制度。在此基础上，根据海洋公园现有开展的工作，为加强对海洋公园工作的管理力度，建立了海洋公园的相关规章管理制度，主要有《威海市区国家级海洋生态特别保护区暂行管理办法》《威海市区国家级海洋生态特别保护区巡查管理制度》《威海市海洋环境中心保护区项目管理制度》。

（三）基础设施

海洋公园基础设施较为完善，已有的设施包括边界设施（界碑、界桩），宣传设施（宣传栏、宣传牌）等。

海洋公园管理单位具备相对完整的监测监控体系，具备水质、生物及沉积物监测能力，同时在海洋公园周边安装了 3 套视频监控系统，初步具备对海洋公园进行在线监控的能力。

（四）日常管护

威海市海洋环境监测中心根据自身特点，在获取海洋公园周边环境数据的基础上，对海洋公园周边海域环境评价结果及海洋公园环境中可能存在的问题，以通报的形式上报市局。管护的内容主要体现在以下 4 个方面：海洋公园及周边海域生态环境现状及可能存在的问题；海洋公园海域使用动态；海洋公园岸线长期变化；海洋公园及周边海洋工程建设情况及对周边海域产生的影响。

（五）宣传教育

保护区具备基础的宣传设施，宣传栏和宣传牌在保护区重点位置均有设置。保护区巡查册已制作完成。

威海海西头国家级海洋公园

WEIHAI HAIXITOU GUOJIAJI HAIYANG GONGYUAN

一 保护区名片

地理位置	位于山东省威海市经济技术开发区泊于镇茅子草口至逍遥河之间
地理坐标	37° 23′ 24″ N ～ 37° 25′ 80″ N, 122° 20′ 48″ E ～ 122° 24′ 90″ E
级别	国家级
批建时间	2014 年 3 月
面积	总面积 12.75 平方千米（陆域面积 2.88 平方千米、海域面积 9.87 平方千米）
保护对象	滨海湿地、近海海域海洋生态环境
关键词	原始景观、湿地生态系统、野生鸟类乐园
资源数据	海洋公园内有许多珍稀、濒危物种；森林覆盖率达 68%，有乔、灌树种 21 科 36 属 79 种，主要品种有黑松、刺槐、蒙古栎等

二 保护区概况

威海海西头国家级海洋公园位于山东省威海市经济技术开发区泊于镇茅子草口至逍遥河之间，自然景观优美独特。海洋公园总规划面积 12.75 平方千米，其中陆域面积 2.88 平方千米、海域面积 9.87 平方千米，分为重点保护区、生态与资源恢复区、适度利用区 3 个功能区，主要保护对象为滨海湿地、近海海域海洋生态环境。

该海洋公园拥有原始湿地、自然沙滩、海岸带原始礁石和森林等众多资源。湿地生态系统是海洋公园内最主要保护的资源。流水经过湿地时，其中所含的营养成分被湿地植被吸收，或者积累在湿地泥层之中。湿地面积约 1.20 平方千米，主要有芦苇、苔草和沼柳等湿生和沼生植物，是大天鹅、鸳鸯、灰鹤等多类珍稀水禽、鱼类、两栖动物繁殖、栖息、越冬的场所。

该海洋公园森林覆盖率达68%，森林类型属海防林且具风景林特点，有观赏价值。植被属华北植物区系，有乔、灌树种21科36属79种，主要品种有黑松、刺槐、蒙古栎等。海洋公园内风光秀丽，空气清新，山峦起伏，山海相映，形成生机勃勃的沿海森林生态景观。

海洋公园湿地

三 功能分区图

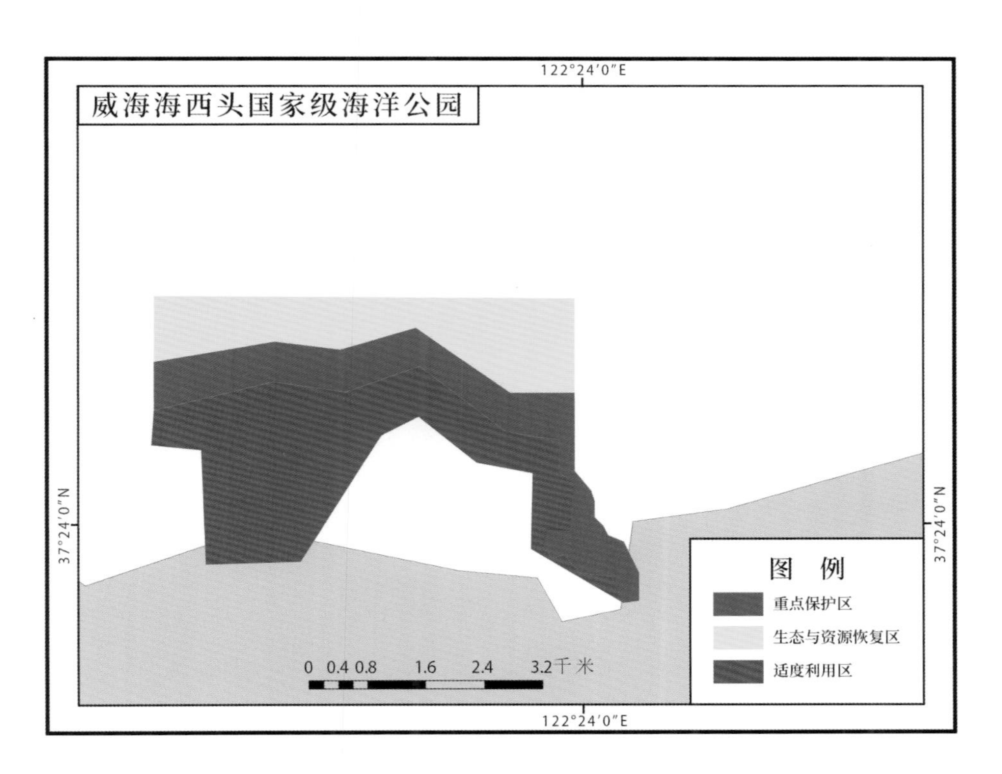

四 代表性资源

（一）动物资源

大天鹅

大天鹅

学　　名	*Cygnus cygnus*
中文别称	白鹅、咳声天鹅、喇叭天鹅、黄嘴天鹅
分类地位	脊索动物门鸟纲雁形目鸭科天鹅属
自然分布	在我国繁殖于东北、华北地区，越冬于华中及东南沿海

大天鹅为国家二级重点保护野生动物，体长约 140 厘米。成鸟通体雪白，雌雄同色；雌鸟略小于雄鸟，仅头部稍呈棕黄色。虹膜呈暗褐色，嘴端为黑色，跗跖、蹼、爪亦为黑色；上嘴基部两侧的黄斑前伸至鼻孔之下，呈尖形。

大天鹅多沿湖泊、河流等水域进行迁徙。以水生植物的种子、茎、叶和杂草种子为主要食物，也食少量的软体动物、水生昆虫和蚯蚓等。它们求偶时会以喙相碰或以头相靠，一旦“两相情愿”就会结成终身伴侣。

大天鹅于 5 ～ 6 月繁殖，巢多筑于干燥地面或浅滩的芦苇间。一般雌性天鹅产卵后会自己孵卵，每窝产卵 4 ～ 7 枚。卵为苍白色或略黄灰色，没有斑纹。大天鹅夫妇会终生厮守，对后代也十分负责。幼雏出壳几小时后就能奔跑和游泳，在 2 岁之前一般都长有杂色的羽毛，整体呈灰色或褐色。

鸳鸯

鸳鸯

学　　名	*Aix galericulata*
中文别称	中国官鸭、官鸭、匹鸟、邓木鸟
分类地位	脊索动物门鸟纲雁形目鸭科鸳鸯属
自然分布	在我国多在东北北部、内蒙古繁殖；东南各省及福建、广东越冬；少数在台湾、云南、贵州等地，为留鸟

鸳鸯雄鸟的额和头顶中央为翠绿色，眉纹呈白色，枕部铜赤色与后颈的暗紫色和暗绿色的长羽等组成羽冠。背部与腰部为暗褐色，具有铜绿色金属光泽。内侧肩羽为紫蓝色，外侧数枚呈白色。上胸和胸侧为暗紫色，下胸和尾下覆羽为乳白色。喙呈暗红色，尖端为白色。

雌鸟的头和后颈为灰褐色，没有羽冠，眼睛周围是白色。身体上部呈灰褐色，翅膀和雄鸟的翅膀相似，却没有金属光泽。腹部和尾下覆羽为白色。喙为褐色，尖端也为白色。

鸳鸯有成群迁徙的习性，善于游泳和潜水，也可在陆地上行走和觅食。它们生性机警，会发出特有叫声吸引和提醒同伴。鸳鸯属于杂食性动物，冬季多以植物性食物为主，如青草、树叶、玉米、稻谷等；繁殖季节多以动物性食物为主，如蚂蚁、蝗虫、蚊子等昆虫及其幼虫。

鸳鸯属于次级洞巢鸟，多营巢于靠近水边的天然树洞中。4 月开始产卵，卵呈圆形，白色，光滑无斑。进入孵化期时，卧孵为雌鸟的主要行为，且雌鸟具有一定的异卵识别能力，孵化期为 31 ～ 36 天。

鸳鸯

灰鹤

灰鹤

学　　名	*Grus grus*
中文别称	玄鹤、千岁鹤、番薯鹤、欧亚鹤
分类地位	脊索动物门鸟纲鹤形目鹤科鹤属
自然分布	在我国，繁殖地主要在北方，见于新疆、内蒙古、黑龙江、青海、甘肃、宁夏和四川，迁徙时经过河北、内蒙古、辽宁、吉林、黑龙江、山东、河南、陕西等地；越冬地大致从辽东半岛向西南经北京、山西、四川到云南一线以南

灰鹤为国家二级重点保护野生动物，体长约 125 厘米。前顶冠为黑色，中心为红色。眼后有一白色宽纹穿过耳羽至后枕，再沿颈部向下到上背。虹膜为红褐色。喙呈黑绿色，端部带黄色。喉、前颈和后颈为灰黑色，身体其余部分为石板灰色。

灰鹤栖息于沼泽草甸以及沼泽中的草丛和水洼地；迁徙途中的停歇地和越冬地，主要在河流、湖泊、水库或海岸附近。灰鹤常以家庭为单位到农田中觅食，再回到河漫滩、沼泽地或海滩夜宿。它们为杂食性动物，但食物以植物为主，喜食芦苇的根和叶，夏季也吃昆虫、蚯蚓、蛙、蛇、鼠等。

灰鹤繁殖期在 4 ~ 5 月，在离水域较远的荒野的田地上或沼泽地的草丛中营巢。每窝产卵 2 枚，卵呈淡棕色或红褐色。雌、雄鸟轮流孵卵，孵化期 30 ~ 33 天。雏鸟出壳后披有黄褐色绒羽。幼鸟生长迅速，当年秋天就能跟随亲鸟南飞。

白鹭

白鹭

学　名	*Egretta garzetta*
中文别称	春锄、雪客、小白鹭、白鹭鸶、鸶禽、白鸟
分类地位	脊索动物门鸟纲鹳形目鹭科白鹭属
自然分布	在我国分布于山东、云南、贵州、广东及四川等地

白鹭体型中等。嘴细长，繁殖期间全部或部分变成黑色。夏羽全身为纯白色，背部披有蓑羽；冬羽背无蓑羽。颈中部的拐弯处呈直角。

白鹭栖息于海滨、湖泊、河流、沼泽、水稻田等水域附近，常集群营巢于高大乔木或树冠上，非常机警，见人即飞。其主要以小鱼、软体动物、虾及其他甲壳动物、水生昆虫为食，也吃蛙等。常站在水边或浅水中，用喙飞快地攫食。

白鹭的繁殖期为 4 ～ 7 月。卵呈淡青色，钝椭圆形，重约 25 克。孵化由雌雄白鹭轮流进行，有凉卵和翻卵的习性。白鹭的孵化是一种本能行为，如果在孵化的过程中把正在孵化的卵换成其他鸟类的卵，亲鸟并不会发现，还会继续孵化。

（二）植物资源

刺槐

刺槐

学　　名	*Robinia pseudoacacia*
中文别称	洋槐
分类地位	种子植物门双子叶植物纲豆目豆科刺槐属
自然分布	在我国广泛分布，主要集中在甘肃、青海、山西、河北及山东等地

刺槐为落叶乔木。木质部为淡黄色；髓软，呈白色，横断面为圆形。枝条上的托叶变为刺，刺的大小和质地软硬有很大的差别。树皮的差异也很大，有的很粗糙，开裂较深；有的树皮为灰白色，裂纹宽，但较浅。花为蝶形，两性花，旗瓣近圆形，基部有黄点。种子为褐色或黑褐色。

刺槐萌蘖力比较强，根系发达，具根瘤，有一定的抗旱、耐盐碱能力，是西北、华北等地区优良的保持水土、防风固沙、改良土壤和“四旁”绿化树种。枝叶是很好的燃料、饲料、肥料。槐花芳香，是很好的蜜源植物。

蒙古栎

蒙古栎

学　　名	*Quercus mongolica*
中文别称	橡树、蒙栎、蒙古柞、青冈柞、大青冈
分类地位	被子植物门双子叶植物纲壳斗目壳斗科栎属
自然分布	在我国分布于黑龙江、吉林、辽宁、内蒙古、河北及山东等地

蒙古栎为落叶乔木，高可达 30 米。树皮为灰褐色，纵裂。由根、茎、叶、花、果等组成。根一般为圆柱形，幼小蒙古栎的根为乳白色，干枯后为黄褐色或深褐色；多年生的蒙古栎根为黄褐色或黑褐色。花为单性花，一般雌雄同株。蒙古栎的果，一般称为橡实，有球形、卵形、椭球形等；外皮坚硬有光泽，呈深褐色或淡褐色。常在阳坡、半阳坡形成小片纯林或与桦树等组成混交林。

蒙古栎是营造防护林的优良树种，有防止水土流失、防风、固沙等作用。其木材坚固耐磨，具有抗腐性，可建造房屋，制造车船；在机械和农具制造上能代替一部分钢铁和其他金属；纹理美观，宜做家具和木器。由于木质紧密，含碳素很多，还是一种很好的燃料。蒙古栎每年能结很多橡实。橡实用途很多，可用来制作橡酒，还可制造淀粉，提取橡油等。

芦苇

学　名	*Phragmites australis*
中文别称	芦、苇、葭、蒹
分类地位	被子植物门单子叶植物纲禾本目禾本科芦苇属
自然分布	在我国广泛分布

芦苇

芦苇根状茎直而发达；叶子扁而宽大；有着大型的圆锥状花序，花期为 7 ～ 11 月。

芦苇多生长于江河湖泽地区，具有较强的繁殖能力。芦苇既可以自然生长，也可以利用插青苇、播苇籽的方法进行人工培育。

芦苇的全身都是宝贝，芦叶、芦花、芦茎、芦根都可以做药材。芦苇是造纸的主要原料之一，可以制造出质量优良的印刷用纸，容易漂白，成本低廉。造纸剩下的苇节浆可以造成人造丝，在建筑上广泛使用。此外，芦苇还可以编成各种炕席和工艺品，具有较大的经济价值。芦苇外形修长、优美，生命力强、生长速度快，是绿化水面、净化水质的首选植物。

（三）旅游资源

烟墩角天鹅湖与海草房

烟墩角是山东省威海市荣成俚岛镇濒海的一个小渔村。村东有座小山遮挡住黄海涌袭的波浪，在村口形成了一个小小的湖泊，即天鹅湖。湖泊不深，潮汐为这里的天鹅带来了丰富的食物，也为人们近距离观看天鹅提供了绝佳的机会。

在烟墩角除了天鹅湖外，还有一个亮点，那就是海草房。以前，当地村民从海里捞起细长的海草，晾干后把它们覆盖在房顶上。这种房子屋脊细尖，再加上海泥做的房墙，看起来如童话里面的城堡一般。

烟墩角天鹅湖

烟墩角海草房

五 历史人文

历史古迹

九皋寨

在泊于镇寨子东村的东面保存着较完整的古寨，名叫“九皋寨”。城寨南北长170米，东西宽130米，面积约22 000平方米。其城砖、形制与发现的明代双岛兵寨一致，可以确认该城寨为明初所建。

在城寨废墟中，有不少方形大青砖，都是长、宽约30厘米，厚约20厘米。城北、东、南三面城墙夯土基本保存下来，但西城墙及所有城门已荡然无存。至今保存的城墙多以数百千克重的大石块为基底，其上覆以土坯。虽然现在城墙废墟上面已长满了各种灌木荆棘，但依旧能看出其旧时形制。

保护区管理

2015 年 11 月，成立了威海海西头国家级海洋公园管理委员会，专门负责海洋公园建设、管理等各项工作。管理机构成立后，立即着手编制了《威海海西头国家级海洋公园管理办法》《威海海西头国家级海洋公园开发建设管理制度》等各项管理规章制度，对海洋公园开发、维护等进行了规范，确保各项工作有章可循。

山东文登海洋生态国家级海洋特别保护区

SHANDONG WENDENG HAIYANG SHENGTAI GUOJIAJI HAIYANG TEBIE BAOHUQU

保护区名片

地理位置	位于文登区的青龙河口和靖海湾西部海域
地理坐标	37° 00′ 36.04″ N ～ 37° 04′ 52.18″ N，122° 10′ 02.64″ E ～ 122° 12′ 13.11″ E
级别	国家级
批建时间	2009 年 5 月
面积	5.19 平方千米
保护对象	河口、浅海生态系统，松江鲈、浅海贝类等物种
关键词	天福胜地、淡水养殖基地、靖海湾及青龙河
资源数据	保护区分为重点保护区、生态与资源恢复区和适度利用区 3 个功能区；以河口、浅海生态系统，松江鲈、浅海贝类等物种为重点保护对象

保护区概况

山东文登海洋生态国家级海洋特别保护区位于文登区的青龙河口和靖海湾西部海域，总面积 5.19 平方千米，划分为重点保护区、生态与资源恢复区和适度利用区 3 个功能区；以河口、浅海生态系统，松江鲈、浅海贝类等物种为重点保护对象。

该保护区所在的靖海湾常年有青龙河、蔡官河等淡水径流注入，形成了我国沿海较为独特的河口、浅海生态系统。其中，青龙河全长 31 千米，流域面积 235.81 平方千米。青龙河中游的坤龙水库是文登区两个大型水库之一，面积 1.88 平方千米，总容量 6 500 立方米。水库的储水量可人为控制，从而使青龙河下游保持常年流水状态，有利于水生生物的生长和繁殖。青龙河河口光照充足，饵料生物丰富，且水过浅不利于渔船进入作业，这些先天优势给区域内的海洋生物提供了良好的生境。

该保护区的建立有效地加强了靖海湾及青龙河河口的生态系统和物种多样性的保护，对促进文登海洋资源可持续利用和社会经济协调发展具有重要的意义。

三 功能分区图

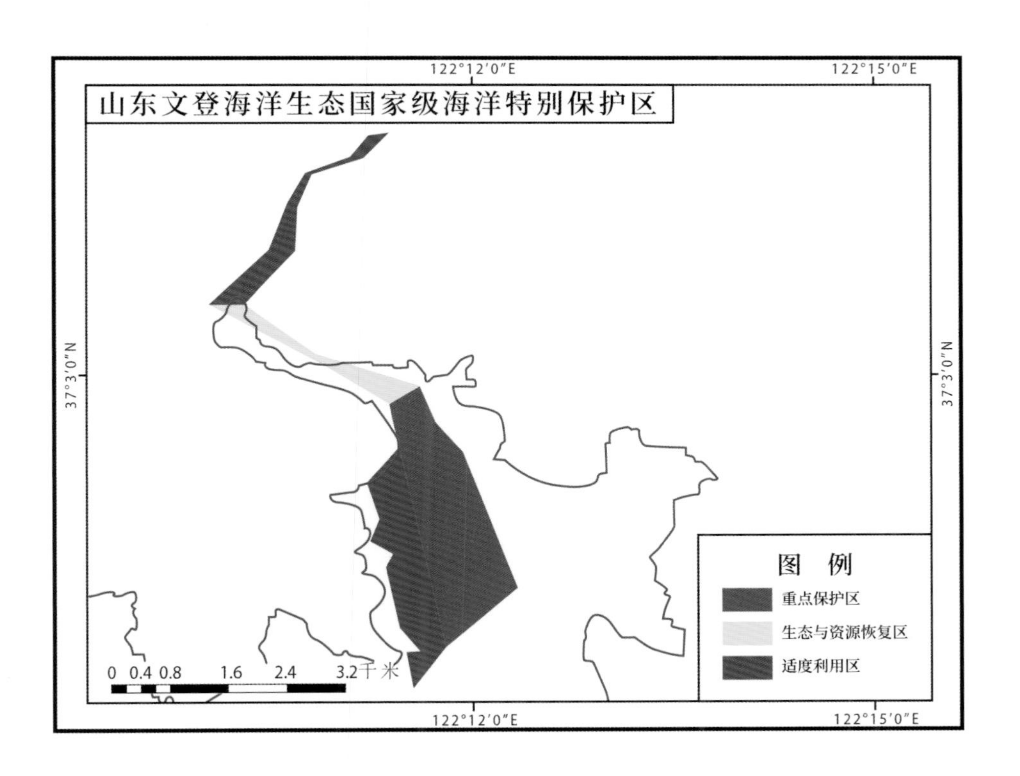

四 代表性资源

（一）动物资源

松江鲈

松江鲈

学　　名	*Trachidermus fasciatus*
中文别称	四鳃鲈、花花娘子、花鼓鱼、老婆鱼、媳妇鱼
分类地位	脊索动物门辐鳍鱼纲鲉形目杜父鱼科松江鲈鱼属
自然分布	在我国目前只在辽宁丹东，山东文登、东营等地沿海有一定的资源量，东海沿岸河口有零星捕获

松江鲈为国家二级重点保护野生动物。头及体前部宽且平扁，向后逐渐变细且侧扁；头大，头背面的棘和棱被皮肤所盖。身体表面有粒状和细刺状的皮质突起，但没有鳞。腹鳍为灰白色，其余各鳍均为黄褐色，并有几行黑褐色的斑条。松江鲈的体色可随环境和生理状态发生变化。

松江鲈是凶猛的肉食性鱼类，营底栖生活，昼伏夜出。在不同生长阶段，松江鲈对食物有不同的要求。在自然界中，4 厘米以下的幼鱼，摄食枝角类、桡足类等浮游动物；4 厘米以上的开始摄食虾类；随着身体的长大，松江鲈开始摄食一些小型鱼类，如麦穗鱼、棒花鱼等。

松江鲈的产卵期为 12 月至翌年 3 月，产卵地点在近岸浅海处有洞穴的地方。卵呈淡黄色、橘黄色或橘红色，黏度很大，结成团块，约需 26 天孵化出仔鱼。

松江鲈肉洁白似雪，肥嫩鲜美，营养价值极高。李时珍在《本草纲目》中称松江鲈“补五脏，益筋骨，和肠胃，治水气。多食宜人”。

大头鳕

大头鳕

学　名	*Gadus macrocephalus*
中文别称	大头青、大口鱼、大头鱼、明太鱼
分类地位	脊索动物门辐鳍鱼纲鳕形目鳕科鳕属
自然分布	在我国分布于黄海、东海北部海域

大头鳕的身体较长，稍微侧扁，头大，口大。身体表面覆盖有细小的圆鳞，且鳞容易脱落。侧线明显，有 3 个背鳍，2 个臀鳍。各鳍都没有硬棘，完全由鳍条组成。头、背及体侧为灰褐色，具有不规则的深褐色斑纹；腹面则为灰白色。

大头鳕属于冷水性底栖鱼类，集群生活。它们的食谱十分广泛，包括贝类、甲壳类、鱼类等，其中鱼类所占比重最大。

大头鳕的繁殖力较强，体长 1 米左右的雌性大头鳕，一次可产 300 万 ~ 400 万粒卵，卵为沉性卵。

大头鳕肉质细腻，刺少，吃起来清香爽口，营养丰富。世界上很多国家都把大头鳕作为主要食用鱼类。

（二）特产资源

文登温泉

文登温泉

胶东半岛由于有着特殊的地质构造，因而形成了众多的天然温泉。文登温泉独具特色，是当地一笔宝贵的天然财富。

七里汤距离文登县城3.5千米，水源足，温度高，热效应好，是沐浴疗养胜地。

另外，大英、洪水岚、汤村3处温泉也已开发利用。宝贵的地热资源，正被用来造福于人民。

蜢子虾

蜢子虾是生长在近海沟渠、河汊中的一种极小的白虾，身长不足1厘米。每年夏秋，是捕捞蜢子虾的季节，沿海渔民用细密的小挂网、小推网涉水捕捞。

用这种小虾加工制作的蜢子虾酱和蜢子虾油，营养丰富，有独特的鲜味和香气，是驰名全国的海珍品。文登蜢子虾酱在1984年全国首届水产品加工展销会上被评为优良产品。

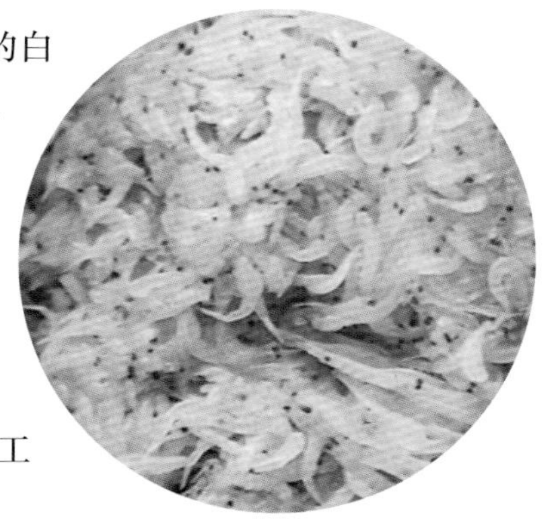
晒干的蜢子虾

（三）旅游资源

昆嵛山

昆嵛山横亘文登、牟平、乳山交界处，峰峦连绵百里，山势盘回曲折，林深谷幽，风景秀丽。

远在汉唐之际，昆嵛山上已是寺观林立，洞庵毗连，香火朝暮不绝。建在山下的无染寺，是盛极一时的胶东名刹。寺院旧址内还保留有玉兰、银杏等珍贵古树。昆嵛山曾是胶东著名的革命根据地之一，有“不屈的昆嵛山”之称，1937 年天福山起义建立的山东人民抗日救国军第三军的前身，就是昆嵛山红军游击队。

昆嵛山风景

无染寺风光

玉虚观

历史人文

（一）民间传说

三瓣石的传说

在昆嵛山腹地的一座孤峰的顶端，矗立着一块高数丈的花岗岩巨石。这块巨石从顶部均匀地裂成三瓣，远远望去，犹如一朵初绽的莲花。关于这朵“莲花”，有一段动人的故事。

何仙姑雕像

很久以前，何仙姑为了制服这里兴风作浪的白蛟，从手中盛开的莲花上摘下一片花瓣扔入水中，砸死了白蛟。何仙姑把那片荷花花瓣点化成一块巨石，留下作镇妖之宝，并在里面放了一对金色的神鸽守护它。多年以后，神鸽要飞出，一位道士碰巧路过，便助其一臂之力。只见道士用手一指，一道金光向巨石飞去；紧接着一声巨响，石头裂成三瓣，从里面飞出一对金鸽子，在巨石上空盘旋了三圈，便消失在茫茫的苍穹之中。神鸽飞走了，这朵“莲花”却永不凋谢，成为今天的三瓣石。

龙石晒字的传说

传说，当年秦始皇（前259—前210）为寻求治国之策及长生不老药坐着马车来到了昆嵛山东麓的一条峡谷。下马车后，他便听到了朗朗的读书声。秦始皇感到奇怪，便命人去察看。丞相李斯（？—前208）与官兵循声找来，发现有两个村夫在一块龙形的石头上翻晒树叶、树皮，旁边还有几个孩子在朗诵诗文。他们发现官兵过来以后，马上抱起树皮、树叶逃命。李斯感到很奇怪，便差人将两个村夫抓回来，一看，树皮、树叶上全写着字。

秦始皇雕像

李斯打听后得知，这两个村夫是兄弟，姓黄，耕作之余会在树叶、树皮上写作诗文。二人怕树叶、树皮霉烂，便经常拿到山石上晾晒。李斯带着黄氏兄弟觐见秦始皇。秦始皇看了这些诗文后，连连称赞：“尔等龙石晒字，难能可贵。”后人口口相传，便有了“龙石晒字”的地名。

麻姑献寿

麻姑是我国古代神话里的女神仙。据葛洪的《神仙传》记载，麻姑是建昌人，曾修炼于牟州（今牟平区）东南的姑余山（今称昆嵛山）。东汉桓帝时，她应神仙王方平之召，降临蔡经家，能掷米成珠。

相传，农历三月三日是王母寿辰，麻姑在绛珠河畔采灵芝酿酒，为王母祝寿。淳厚善良的当地百姓，特做寿桃，奉献给麻姑让其带去西天祝寿。为感谢麻姑施舍蚕种，旧时祝女寿者多绘麻姑像赠送，曰“麻姑献寿”。

麻姑雕像

刻有“麻姑献寿”的葫芦

保护区夜景

六 保护区管理

为了贯彻执行国家海洋生态资源开发保护的有关法律法规和方针政策，进一步加强对山东文登海洋生态国家级海洋特别保护区的管理，2016 年 9 月 8 日，威海市文登区海洋与渔业局提交了《关于成立文登海洋生态国家级海洋特别保护区管理中心的请示》。此管理中心成立以后主要开展了以下工作：

（1）组织实施保护区总体发展规划、年度工作计划和生态保护恢复措施；

（2）负责建设保护区基础管护、监测科研设施；

（3）组织开展保护区资源可持续利用开发活动；

（4）协调维护开发权益，继续加强日常巡护工作；

（5）负责保护区监测、评价、科研工作；

（6）组织开展宣传、教育、培训与国际合作交流活动；

（7）向上级申请保护区专项管理资金；

（8）在保护区内开展松江鲈增殖放流工作；

（9）承办上级海洋主管部门安排的各项工作任务。

山东乳山市塔岛湾海洋生态国家级海洋特别保护区

SHANDONG RUSHANSHI TADAOWAN HAIYANG SHENGTAI GUOJIAJI HAIYANG TEBIE BAOHUQU

保护区名片

地理位置	位于胶东半岛东南部乳山市近岸海域
地理坐标	36° 44′ N ~ 36° 46′ N，121° 33′ E ~ 121° 36′ E
级别	国家级
批建时间	2011 年 5 月
面积	10.98 平方千米
保护对象	海洋生物种质资源及其栖息、繁衍地，海洋生态系统
关键词	原生态区域、海洋自然风貌、半封闭型自然海湾
资源数据	保护区分为重点保护区、适度利用区以及生态与资源恢复区 3 个功能区，旨在保护岛礁及西施舌、菲律宾蛤仔、三疣梭子蟹等生物资源

保护区概况

塔岛湾地处乳山西南沿海，是一处集岛、滩、特殊地貌为一体的半封闭型自然海湾，湾口宽 3.2 千米，岸线长 19.27 千米，最大水深 6 米。塔岛湾海洋资源丰富、地理区位优越，极具科研与开发价值。湾内营养盐、饵料丰富，是一些重要经济生物栖息、繁衍的优良场所，中国对虾、三疣梭子蟹的增殖放流场，典型依靠海洋生态环境作为生存与发展基础的经济区域。

2011 年 5 月，山东乳山市塔岛湾海洋生态国家级海洋特别保护区获批后，乳山市委市政府高度重视，将保护区建设列为市级重点项目，从宏观发展上提出了要求，即保护区建设要遵循“生态建设、科技建设、旅游建设”三大主题。

该保护区总面积 10.98 平方千米，分为重点保护区、适度利用区以及生态与资源恢复区 3 个功能区，其中重点保护区面积 4.64 平方千米，适度利用区

保护区局部

保护区局部

面积 3.58 平方千米，生态与资源恢复区面积 2.76 平方千米。该保护区主要保护该区域内丰富多样的海洋生物种质资源及其栖息、繁衍地，维护该区域海洋生态系统的健康稳定。

功能分区图

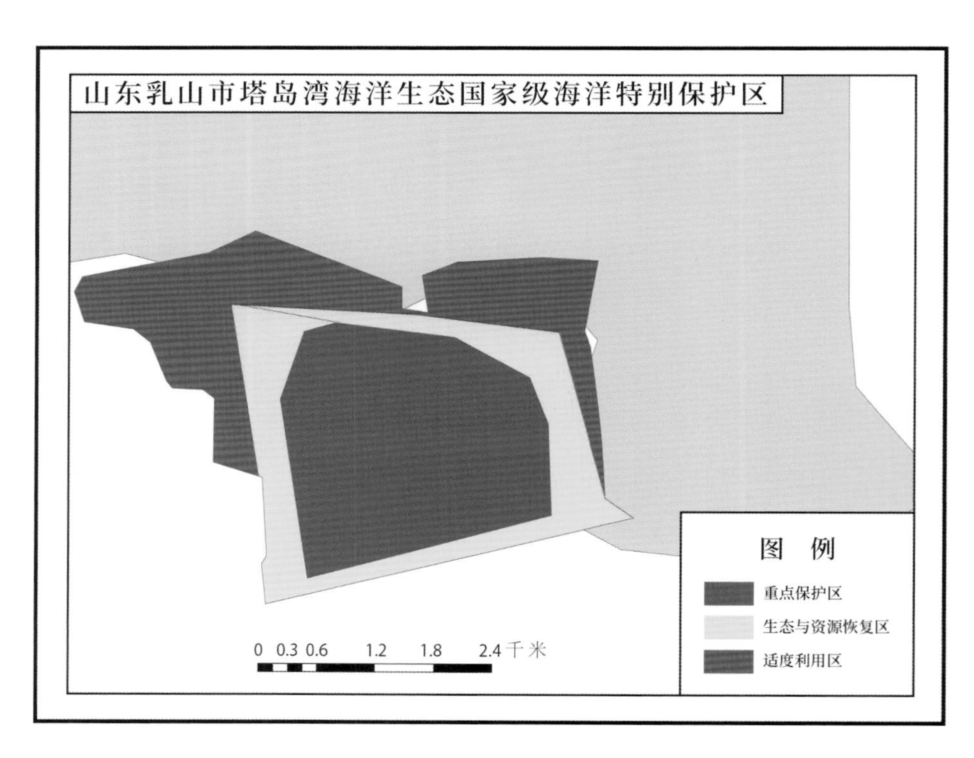

四 代表性资源

（一）动物资源

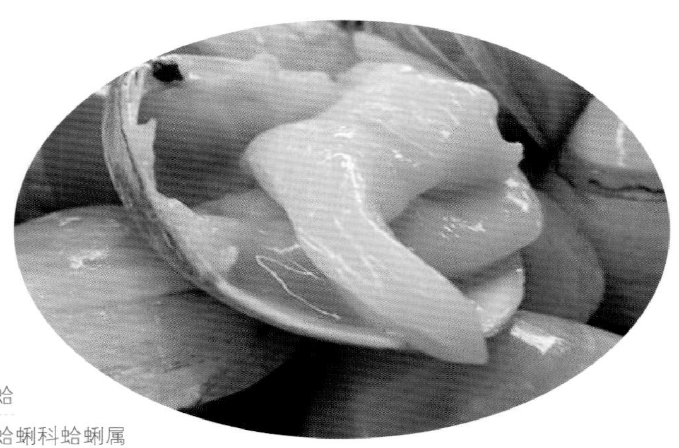

西施舌

西施舌

学　　名	*Mactra antiquata*
中文别称	车蛤、土匙、沙蛤、贵妃蛤
分类地位	软体动物门双壳纲帘蛤目蛤蜊科蛤蜊属
自然分布	在我国沿海广泛分布

西施舌壳大而薄，略呈三角形。壳顶位于贝壳中央稍靠前，前方略凹，后方较凸，腹缘为圆形。壳面有暗黄色而有亮光的壳皮，壳顶部为淡紫色，生长纹细密而明显。壳内面为淡紫色，铰合部宽大。左壳有主齿 1 枚，右壳有主齿 2 枚，前后侧齿发达。

西施舌喜欢生活在风平浪静的浅海沙滩，落潮时钻入沙下 6 ～ 7 厘米处躲藏，涨潮后钻出沙层摄食浮游生物。西施舌具有迁移习性，随着个体生长，从低潮线附近逐渐向浅海较高盐度水域迁移。体长在 5 毫米以下的稚贝移动能力很强，除了爬行外，常可见到它们借助足的推动而跳跃。

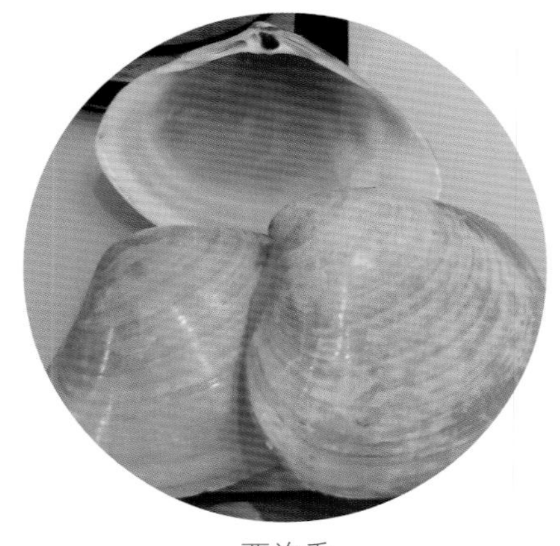

西施舌

西施舌具有雌、雄之分。在繁殖季节里，成熟的精子、卵子排出体外，在水中受精发育。

西施舌肉白嫩肥厚，含有丰富的蛋白质、维生素、矿物质等，食后齿颊留香，因而在海味中久负盛名。

菲律宾蛤仔

学　　名	*Ruditapes philippinarum*
中文别称	菲律宾帘蛤、杂色蛤、花蛤
分类地位	软体动物门双壳纲帘形目帘蛤科蛤仔属
自然分布	在我国北起辽宁、山东，南至广东、香港沿海均有分布

菲律宾蛤仔

菲律宾蛤仔壳呈卵圆形，壳长与壳宽比例变化较大；壳质坚厚，膨胀；壳顶稍突出，向前弯曲；壳前端边缘近弧形，后端边缘略呈截形。壳表面灰黄色或深褐色，有的具有带状花纹或褐色斑点；壳内面为灰白色或浅黄色，有的带有紫色。

菲律宾蛤仔多栖息于潮间带及浅海泥沙中。其是滤食性生物，主要摄食浮游生物及底栖硅藻类。

菲律宾蛤仔的繁殖季节随地区不同而异。它们的精、卵分批成熟排放，在水中受精。

菲律宾蛤仔营养价值很高，蛤肉含有丰富的蛋白质、脂肪和微量元素。

三疣梭子蟹

三疣梭子蟹

学　　名	*Portunus trituberculatus*
中文别称	三齿梭子蟹、梭子蟹、枪蟹、海螃蟹、海蟹、蠘
分类地位	节肢动物门软甲纲十足目梭子蟹科梭子蟹属
自然分布	在我国分布于广西、广东、福建、浙江、山东、天津、河北及辽宁等地沿海

三疣梭子蟹分为头胸部和腹部。头胸甲呈梭形，表面稍微隆起，覆盖有细小颗粒。有 1 对螯足和 4 对步足。腹部位于头胸部后方，俗称蟹脐。雄蟹为尖脐，雌蟹为圆脐。

三疣梭子蟹常见于浅海，既擅长游泳又可以掘沙；白天隐蔽，夜晚出来觅食。食性较广，喜食动物尸体，也摄食鱼、虾、贝、藻。它们有蜕壳的习性，随着身体的生长发展，每经过一个阶段就蜕壳一次。

三疣梭子蟹在繁殖季节成群聚集于河口和浅海港湾产卵，冬季迁徙到较深海域越冬，卵呈黄色。

三疣梭子蟹肉含有大量蛋白质，蟹膏含有脂肪、糖、多种维生素，营养丰富，可制成干品和罐头，还可制作成蟹酱。蟹壳可提炼甲壳素，还可加工成饲料。

（二）旅游资源

岠嵎山

岠嵎山位于乳山市西南18千米处，这里奇峰怪石，层峦叠嶂，秀水幽洞，神异多趣，历代文人墨客对岠嵎山风光多有吟咏。如今，一年四季，八方游客更是络绎不绝。

岠嵎山景色

马石山

马石山位于乳山市西北部，横跨马石店、诸往西乡。这里峰岭巍峨，山势陡峭，林木茂盛，风光秀丽，有“棋盘石”“五凤楼”“老头山”“姊妹石”等景观，千姿百态，惟妙惟肖。

马石山景色

五 历史人文

（一）历史故事

马石山十勇士

抗日战争时期，为掩护被日本侵略军包围的数千名群众转移，共产党员、班长王殿元（1931—1949），带领全班九名战士，奋勇拼杀，与日军进行了惨烈的搏斗。子弹打光了，就用刺刀拼、石头砸。最后只剩下身负重伤的王殿元和另外两名同样身负重伤的战士以及最后两颗手榴弹。日军冲上阵地，三位战士紧紧抱在一起。王殿元用尽全力把一颗手榴弹扔向了敌群，另一颗拉响后与冲到跟前的敌人同归于尽。战斗结束后，乡亲们将这十名战士的遗体安葬，并为他们竖立了纪念碑，“马石山十勇士”作为一个英雄群体，会永远活在中国人民的心中。

马石山十勇士塑像

（二）民间传说

张真子的传说

岠嵎山洞穴幽深，奇异多趣。其中的混元庵莲真洞，相传为明朝道人张真子修炼的居室。关于张真子，当地有许多传说。

相传，张真子能以极快的速度在大雨中穿行而身上滴水不落。最神奇的是他会分身术。有一年麦收之后，天公作美，下了一场透雨，正是抢种的好机会。山下农户纷纷找张真子帮忙种豆子。张真子很乐意帮助百姓。徒弟忙问："师父，你有几个身子？"张真子说："你看天上有几个月亮？"徒弟说："当然是一个。"张真子笑道："殊不知'千江有水千江月，万里无云万里天。'"

第二天，凡请张真子帮忙的农户家，田地里都有一个张真子在种豆子。但徒弟们知道，那天师父把自己关在洞里，全天未走出洞门一步。

马石山的传说

传说，马石山有一个草肥水美的牧场，天上的一匹神马经常偷偷到牧场吃草饮水。神马来时，夜里牧场亮如白昼。一位天将知道后下来降伏这匹神马。神马就地一滚，站起来竟比大山还高。天将一看也施展法力，把身子一挺，成了一个顶天立地的巨人。他伸手抓住马鬃，把大山当成了上马垫脚石，飞身上马，急驰而去。从此，人们把天将踏着上马的大山叫作“上马石山”，后来把“上”字去掉，直呼“马石山”了。

马石山风景

（三）历史遗迹

翁家埠遗址

翁家埠遗址位于乳山市白沙滩镇翁家埠村西北 20 米处，于 1969 年发现。遗址占地面积近 4 万平方米。1994 年 10 月，中国社会科学院考古研究所胶东半岛贝丘遗址研究课题组进行复查并确定，其为进行环境考古学研究的典型遗址，并于 1996 年 11 月进行了试掘。遗址中出土了猪骨、鹿骨、陶片、石器等，并发现新石器时期的灰坑、柱洞。

采集的陶片多为夹砂红褐陶，有少量泥质陶，为手工制作。陶器表面多为素面，纹饰有附加堆纹、乳丁纹等。石器较多，有斧、锤、砺石、磨盘、磨棒等。

1981 年，翁家埠遗址被公布为县级文物保护单位。

保护区管理

（一）管理机构

保护区管理机构为山东乳山市塔岛湾海洋生态国家级海洋特别保护区管理委员会，为正科级事业单位，隶属市政府，和乳山市海湾新城开发建设办公室合署办公。

（二）管理制度

保护区现已制定保护区实施意见、管理机构与职责、人员管理制度和保护、建设与管理制度等一系列规章制度，做到制度上墙、上网，并运用到平时的保护区管理当中，确保职能明确、管理顺畅。

保护区风光

（三）管护设施

保护区内已配置基本的管护设施，具备管理用房、巡护道路、供水供电设施、界碑、界桩及海上界址浮标等。

（四）宣传教育

在保护区内建设宣教平台一处，将山东乳山市塔岛湾海洋生态国家级海洋特别保护区规划建设情况集中展示，激发群众关心海洋、爱护海洋、经略海洋的热情。

（五）巡护执法

巡护执法主要由乳山市海监大队负责，车船由海监大队保障，每月定期或不定期开展日常巡护工作，基本覆盖保护区全部区域。

大乳山国家级海洋公园

DARUSHAN GUOJIAJI HAIYANG GONGYUAN

保护区名片

地理位置	位于乳山市西南部沿海，北起乳山口湾，南至浦岛
地理坐标	36° 43′ N ~ 36° 47′ N，121° 28′ E ~ 121° 34′ E
级别	国家级
批建时间	2012 年 12 月
面积	48.39 平方千米
保护对象	沙滩、湿地、自然岩礁、生态系统
关键词	大乳山、金岭银滩、水产之乡
资源数据	海洋公园东西向沿海滨方向长约 10 千米，南北陆地部分平均纵深约 2 千米，海岸线全长 19.21 千米；海洋公园分成 3 个功能区，分别是重点保护区、生态恢复区和开发利用区

大乳山

二 保护区概况

大乳山国家级海洋公园北起乳山口湾，南至浦岛，东西向沿海滨方向长约 10 千米，南北陆地部分平均纵深约 2 千米。总体规划面积约 48.39 平方千米，海岸线全长 19.21 千米。海洋公园分成 3 个功能区，分别是重点保护区、生态恢复区和开发利用区，重点保护沙滩、湿地、自然岩礁及生态系统。

《2015 年大乳山国家级海洋公园监测与评价报告》显示，该海洋公园水质良好，基本符合第一类海水水质标准，部分沉积物各指标均符合第一类海洋沉积物标准。生物检测结果表明，该海洋公园叶绿素相对较低，浮游植物总量较高。生物多样性评价结果表明，该海洋公园植物多样性指数较高，生态系统结构较为合理，生态系统稳定性较好，主要保护对象得到了较好的保护。

该海洋公园有保护较好的原生态自然岸线，沙滩面积大、沙质优；滨海湿地、近岸岛屿和礁石等典型而独特，内容丰富多样，是典型的特殊海洋生态景观积聚分布区，具有资源利用、科研教育、旅游和美学价值。

该海洋公园山、海、湾、岛等自然景观丰富，海滨沙滩绵延 7 000 米，近海海岛恍如仙境，地形起伏多变，类型多样。内有“福运天来”“春华秋实”“荷合双福”、“润”主题雕塑、东方琉璃世界、海天康乐园、“水晶誓约”“耕渔知趣”八大海洋文化景点以及母爱千年文化苑、中华养生园、东方太阳城、玫瑰湾、乳山湾旅游风情镇、欢乐风体育公园、药师佛琉璃塔、大型滨海石廊、石榭、石亭等。

三 功能分区图

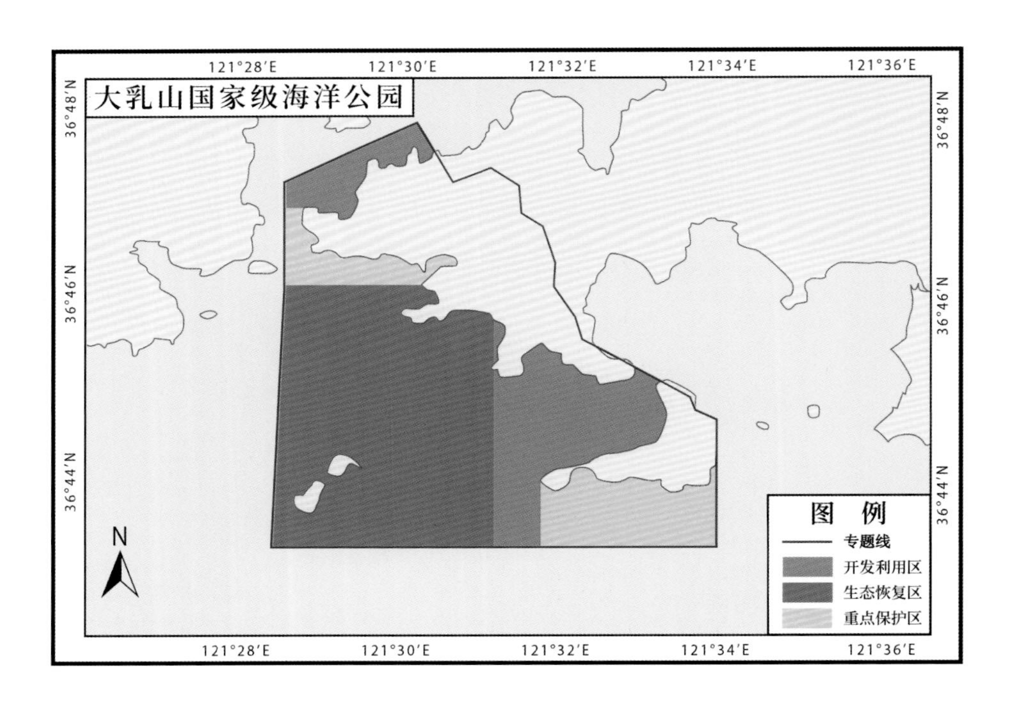

代表性资源

（一）动物资源

文蛤

文蛤

学　　名	*Meretrix meretrix*
中文别称	蛤蜊、蚶仔
分类地位	软体动物门双壳纲帘蛤目帘蛤科文蛤属
自然分布	在我国沿海广泛分布

文蛤壳略呈三角形，两壳大小相等，壳质坚厚，表面光滑；被有一层黄褐色或红褐色光滑似漆的壳皮，并呈现锯齿状或皮纹状的褐色花纹。

文蛤喜栖息在有淡水注入的内湾及河口附近的潮间带至浅海细沙底质。其生活方式为埋栖型。

文蛤为雌雄异体，2 龄性成熟。繁殖时间随地区而异，山东省等北方沿海在 7 ～ 9 月。性腺发育成熟的亲贝在适温的海水中排放精、卵，精、卵体外受精。

文蛤是经济价值较高的贝类，不仅肉嫩味鲜，而且富含蛋白质、脂肪、钙、磷、铁、维生素等。

栉孔扇贝

栉孔扇贝

学　　名	*Chlamys farreri*
中文别称	海扇、干贝蛤、海簸箕
分类地位	软体动物门双壳纲珍珠贝目扇贝科扇贝属
自然分布	在我国分布于辽宁、河北、山东、浙江及福建沿海

栉孔扇贝壳较大，呈圆扇形，壳高略大于壳长；右壳较平，左壳略凸。壳表面多呈浅褐色、紫褐色和浅黄色，也有少数个体呈浅灰白色；壳内面色泽较淡，多呈粉白色或粉红色。足位于身体前部，短小，呈棒状。足的腹面有一条足丝沟，与足丝孔相通。足丝由足丝孔生出体外，以足丝在岩石或贝壳上营附着生活。

栉孔扇贝适宜栖息于水流较急、水较清澈，底质为岩礁、石块、贝壳、沙砾的浅海。它们为杂食性贝类，主要以细小的浮游植物、浮游动物、细菌以及有机碎屑为主要饵料。其中，浮游植物以硅藻为主，鞭毛藻和其他藻类为辅。

栉孔扇贝每年有两个繁殖期，第一个繁殖期在春季，第二个繁殖期在秋季。栉孔扇贝雌雄异体，体外受精和发育。雌性栉孔扇贝产卵时，两壳急剧开闭，使外套腔中

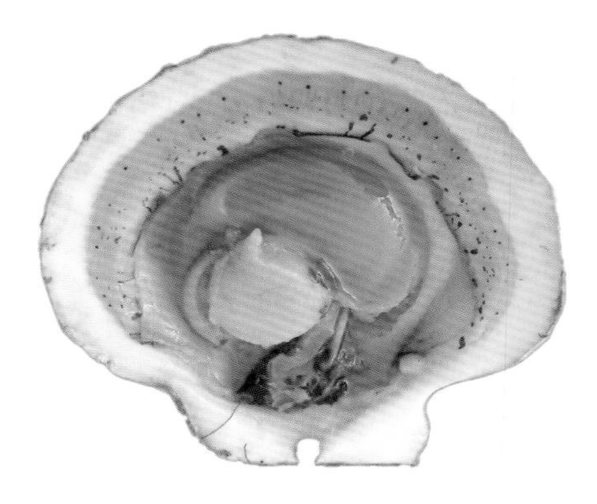

栉孔扇贝

的海水骤然喷出，大量的卵便从后耳下方随水流猛涌而出。其属多次排放型，第一次产卵或排精后，经过一段时间发育可继续产卵、排精。

栉孔扇贝肉鲜味美，营养丰富；贝壳是制作贝雕工艺品的良好材料；闭壳肌很发达，可制成干贝。

（二）旅游资源

福如东海文化园

福如东海文化园位于乳山银滩，是一个以“福如东海”为主题的旅游项目。景区主要以福、寿、康、宁、乐等题材为依托，用高技术的表现手段以及时尚的艺术造型，演绎“福如东海”这一主题的深远历史文化内涵，营造“南有海南寿比南山，北有乳山福如东海”的南北遥相呼应的氛围。

福如东海文化园局部

乳山银滩远景

乳山银滩旅游度假区

乳山银滩旅游度假区位于乳山市东南海岸，这里林秀海碧，礁奇滩曲。绵延20千米的沙滩，坡缓滩平，沙质细腻松软，“银滩”因而得名。度假区内自然景观、人文景观丰富，珍珠湾、白银湾、宫家岛、三观亭、仙人桥、锁龙石等为银滩增光添彩。

母爱千年文化苑

母爱千年文化苑在大乳山温暖的怀抱中，背山面海，景色秀丽。这里展现的不仅是优美的自然风光，还可以让游客感受到母爱的无私、博大。

母爱千年文化苑

中华养生园

中华养生园在大乳山南山坡西山赵家至黄金柴一带，是人们休闲、度假的好去处。

中华养生园在充分挖掘整理《黄帝内经》药理的基础上，建造的标志性景点有："黄帝神农苑""植物香宫""东方圣母""国医堂""养心斋""养真舍""德润府"等。

其中的"黄帝神农苑"以园林的综合手法为设计理念，在廊、架、亭、榭等地种植散发着不同芳香、有不同杀菌作用的植物。

"植物香宫"是在大乳山南向坡的山谷内遍植香花植物，形成花的世界。并通过水景建设，使水花交融，形成花瀑、花溪。游客至此观、嗅、食、饮、浴皆与香花有关。

（三）矿产资源

乳山金矿

乳山素有"金岭银滩"之美誉，是著名的"黄金之乡"。乳山黄金资源丰富，资源储量占全省金矿资源储量总量的约 7.3%，探明金矿区 13 处（含伴生金矿 1 处）。

乳山黄金资源集中分布在北部低山丘陵区的下初镇、午极镇、崖子镇和徐家镇一带。

金矿石

五 历史人文

（一）人物故事

掌击圣水王玉阳

有一年胶东瘟疫大流行，死伤不计其数，在昆嵛山西部尼姑顶下结庵修行的王玉阳（1142—1217）心急如焚，日夜苦思解救方法。

一天夜里，他梦见了泰山娘娘碧霞元君。碧霞元君告诉他，尼姑顶山里有圣水，得圣水即能止住瘟疫。醒后，王玉阳迫不及待地上山寻找。然而，他找遍了整个尼姑顶山，也没有发现圣水。他救人心切，大吼一声。只听“轰隆”一声，那山崖有块巨石坍塌下来，出现了一个洞穴。洞壁自西向东，出现一条裂缝，裂缝两端都有泉水涌出。王玉阳拔腿就往山下跑，告诉百姓这个好消息。众人喝过圣水后，瘟疫便消散了。

王玉阳为这个岩洞取名为“圣水岩”，并在洞顶的断崖上亲题“圣水岩”三个大字。岩洞中洌洌甘泉，天干不涸、地涝不涨，不管历史云烟如何变换，都在默默地流淌着。

圣水岩构件

珍珠湾风光

（二）民间传说

珍珠湾的传说

一天，七仙女经王母娘娘批准，来到大乳山拜见三圣母和义妹灵芝。拜会之后，她们被东面那片沙滩吸引住了。面对美丽的沙滩，湛蓝的海水，姐妹们游泳、打水仗，尽情地嬉闹玩耍。不经意间，召她们回去的天鼓响了。她们这才想起来，迟归是违反天条的。于是，大家急忙穿衣要赶回天庭。

慌乱中，七妹衣服上的一串珍珠被扯断了线，珠子纷纷落入水中。其中两颗大珍珠蹦向远处，体积不断膨胀，一颗化为宫家岛，一颗化为幺岛，其余的小珍珠则化为了珍珠湾。

六 保护区管理

（一）管理机构

大乳山国家级海洋公园管理机构为大乳山风景区管理委员会，与乳山市海阳所镇政府合署办公，经费主要来源于财政拨款，具备完善的办公设备和条件。

（二）管理制度

海洋公园建立完善了大乳山海洋公园管理办法、开发建设管理制度、生态旅游活动管理制度、科学考察管理制度、档案管理制度等一系列规章制度，做到制度上墙、上网，并运用到平时的海洋公园管理当中，确保职能明确、管理顺畅。

（三）基础设施

依托大乳山旅游度假区，海洋公园管护设备配置相对较为完备，现已具备管理用房、巡护监视瞭望台、景观大门、巡护道路、巡护码头、供水供电设施、灾害防护设施、通信及网络设施、宣传栏、宣传牌和废弃物收集及处理设施等。

（四）巡护执法

海洋公园巡护执法工作主要由乳山市海监大队负责，车船由海监大队保障，每月定期或不定期开展日常巡护工作，基本覆盖海洋公园全部区域。

大乳山远景

海阳万米海滩海洋资源国家级海洋特别保护区

HAIYANG WANMI HAITAN HAIYANG ZIYUAN GUOJIAJI HAIYANG TEBIE BAOHUQU

保护区名片

地理位置	位于海阳市东南，老龙头岬角与丁字湾湾口之间
地理坐标	36° 36′ N ~ 36° 41′ N，121° 40′ E ~ 121° 31′ E
级别	国家级
批建时间	2011 年 5 月
面积	15.13 平方千米
保护对象	万米海滩、海洋生物多样性
关键词	“黄金海岸”“东门海市”、丛麻禅院
资源数据	海阳万米海滩曲折绵延 20 千米，是中国最好的海滩之一，是天然的海水浴场

保护区概况

海阳万米海滩海洋资源国家级海洋特别保护区划分为重点保护区、适度利用区和预留区 3 部分，主要保护对象是万米海滩和海洋生物多样性。重点保护区从海景酒店东侧至沙雕园区西侧沿岸高潮线至高潮线以下 1 000 米的海域，面积 2.62 平方千米。适度利用区从沙雕园区西侧至海阳市黄海水产有限公司南沿岸高潮线至高潮线以下 1 000 米的海域，面积 4.30 平方千米。预留区从海阳市黄海水产有限公司南至南水北调沿岸高潮线至高潮线以下 1 000 米的海域，面积 8.21 平方千米。

保护区局部

海阳万米海滩曲折绵延 20 千米，是国内最好的海滩之一，海滩底质全部为沙质，且沙粒均匀，平整如毯，是天然的海水浴场。

相传古代有一只金凤凰自仙岛飞来，长鸣翔舞，艳丽的凤羽落在岸边化作金色海滩，遂留下凤凰滩的美名，被海内外游客誉为“黄金海岸”，是海阳的旅游亮点。

在这里，可以在海滩上晒日光浴、打沙滩排球；可以在海中游泳、冲浪、驰船；可以在翠绿的松林间休憩、嬉戏。在此地看日出、观海潮、寻海市，可充分享受自然风光之美。每年夏季，游人如织，是避暑消夏的极佳之地。

独具苏格兰风格的海阳旭宝高尔夫俱乐部紧临“黄金海岸”。海阳丛麻禅院竹林和云顶南竹森林公园，是国内江北最大的植竹群落。占地面积约 1.07 平方千米的沿海防护林沿万米海滩海岸呈条状布局，成为绿色屏障。

三 功能分区图

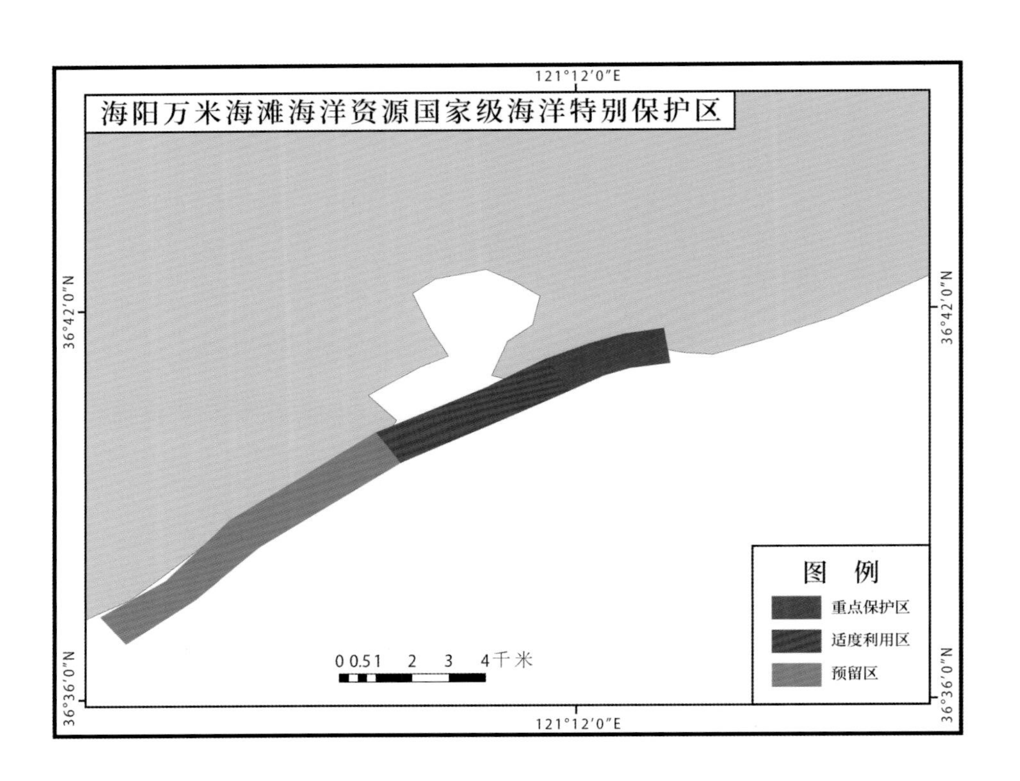

四 代表性资源

（一）动物资源

蓝点马鲛

蓝点马鲛

学　名	*Scomberomorus niphonius*
中文别称	蓝点鲛、日本马加鰆、鲅鱼、条燕、板鲅、竹鲛、尖头马加
分类地位	脊椎动物门辐鳍鱼纲鲈形目鲭科马鲛属
自然分布	在我国分布于黄海、渤海、东海及台湾海域

蓝点马鲛体延长，侧扁，体高小于头长。前端钝尖，上、下颌基本一样长。第一背鳍低长，第二背鳍短；第二背鳍和臀鳍后方各有 8 ～ 9 个小鳍；侧线上下有很多黑色斑点。头及体背侧为蓝黑色，腹部为银灰色；背鳍和尾鳍为灰褐色，其余各鳍为黄色。

蓝点马鲛属暖温性中上层鱼类。喜结群，行动敏捷，常成群追捕小型鱼类，也食小虾。每年春初向沿海港湾做生殖洄游。

蓝点马鲛的产卵期为 4 ～ 7 月，盛期在 5 ～ 6 月，由南向北逐渐推迟。卵为浮性，个体较大。

口虾蛄

口虾蛄

学　　名	*Oratosquilla oratoria*
中文别称	皮皮虾、虾爬子、爬虾
分类地位	节肢动物门软甲纲口足目虾蛄科口虾蛄属
自然分布	在我国沿海均有分布

口虾蛄通常体长为 10 ~ 15 厘米。一般为灰白色，同时散有红、黄、蓝、白、黑、绿等斑点。身体由头胸部和腹部两部分组成。体外覆盖头胸甲，呈长梯形，背甲的两侧形成突起，突起的形状在各胸节都不同；头胸部腹面有许多分节的附肢。第 8 胸节以后即为腹部，由 7 节组成，其中前 6 节同型，最后一节为扁平的尾节，所有腹部体节都覆盖背甲和腹甲。

口虾蛄为捕食性甲壳动物，第二足特化成强大的掠足，捕食能力强，食谱较广，喜食活体饵料，主要捕食小型无脊椎动物。口虾蛄昼伏夜出，喜欢在光线阴暗的环境下摄食，多穴居于泥沙质的浅海。

口虾蛄 4 月前后开始产卵，5 ~ 7 月是产卵高峰期，雌性抱卵孵化，经一系列幼虫期发育为成体。卵为不规则球形，饱满而有光泽。

海蜇

海蜇

学　　名	*Rhopilema esculentum*
中文别称	红蜇、面蜇、鲊鱼
分类地位	腔肠动物门钵水母纲根口水母目根口水母科海蜇属
自然分布	在我国分布于黄海、渤海、东海和南海北部沿岸、江河口以及岛屿附近

海蜇分为伞体部和口腕部。伞体部和口腕部之间，由胃柱和胃膜连为一体。伞体部，俗称“海蜇皮”，为个体的上半部，呈近半球形。口腕部，俗称“海蜇头”，由内伞中央下垂的圆柱状口柄所组成。成体共有 8 条口腕，每条口腕又分成 3 翼。各翼边缘褶皱处长有许多小口与外界相通，称为“吸口”。吸口呈喇叭状，能伸张，是海蜇进食的口；吸口边缘生有鼓槌状的小触指。

海蜇终生生活于近岸水域，尤其喜栖于底质为泥或泥沙的河口附近。其运动主要靠内伞的环状肌有节奏地舒张和收缩，自游能力较弱，游速较慢；具较灵敏的感觉器，能在不同水层做垂直移动。海蜇以小型浮游生物，如甲壳类、纤毛虫类和贝类幼体为主要食物。

海蜇为雌雄异体，生殖腺呈褶皱带状，位于生殖凹中。每年的 9 ~ 11 月是海蜇的繁殖季节。

（二）旅游资源

丛麻禅院

丛麻禅院始建于隋代，相传唐代时，开国元勋尉迟敬德（585—658）在此养马生息，并主持扩建该寺，清咸丰二年（1852）又重建。1993 年，丛麻禅院被山东省民族宗教事务委员会列为省级佛教重要活动场所。

丛麻禅院占地面积 8 592 平方米，原建筑为东西两院。西院为正道院，自前至后有山门、大殿、二殿、三殿；东院为和尚日常生活的宿舍、伙房、客室及仓库等。禅院周围山势峥嵘，奇峰怪石林立，胜景众多，是拜佛、旅游的胜地。

丛麻禅院远景

石上题字

千里仙岛

千里仙岛坐落在风城镇东南约 27 海里处的黄海之中，占地面积 0.2 平方千米。此岛由南、北两山组成，呈一哑铃状，岛上景色秀美，奇峰怪石，鳞次栉比。

岛上不仅自然景色美不胜收，而且动植物资源丰富，春有“山菊黄岛”，冬有“耐冬傲雪”，是一理想旅游胜地。

千里仙岛风光

平岚瀑布

平岚瀑布位于海阳市区东北25千米处的岠嵎山上，占地面积0.16平方千米。它由一宽百余米、高50米的断崖形成，清澈的水流凭势而下，气势磅礴。瀑布周围自然景观甚多，如“车厢石”“玉石三尊”“龟驮石”“牛心石”“火龙洞”等。距瀑布400米处有一巨石，石下离地面1米高处有约10厘米宽的洞口，洞内泉水长年淌流不息，水质清澈，味道甘甜。

平岚瀑布远景

海阳凤凰雕塑

五 历史人文

（一）民间传说

凤城的来历

据说今天的海阳市凤城，原先并不叫凤城，而叫大嵩卫。很久以前，有只彩凤，立于黄海之滨，阅尽人间几多春色，慢慢产生了求凰的心思。它用上自己的全部真情和才华，谱成了一支“彩凤求凰”的乐曲，自由自在地唱。这歌声飞过了高山，飞过了大海，一直飞到了天上。

王母娘娘的侍女听到了彩凤的歌声，深深被打动，摇身变成了一只金凰，顺着歌声，朝着彩凤飞去。最终，它们结成了一对恩爱夫妻。

但好景不长，王母娘娘发现侍女不见了，立即禀告玉皇大帝。玉皇大帝命令二郎神捉拿侍女回天宫。金凰与彩凤听得二郎神来了，顿时吓出一身冷汗。金凰明白，帝命难违，王母娘娘也决不会善罢甘休，别无选择，只有随二郎神回天宫。

自金凰离开后，彩凤还在大嵩卫苦苦等待着。慢慢地，它把自己化到了这片土地里，那颗高高翘起的凤头，变成了景色美丽的凤山；身子变成了城墙、城楼和数不尽的楼堂草舍；展开的一对翅膀，变成了东西烽台；那细长的尾巴，变成了道道沟谷和丛杂的绿树花草。为了纪念它，人们便把大嵩卫改成了“凤城”。这美丽的名字，一直沿用到今天。

（二）风土人情

海阳大秧歌

海阳大秧歌是山东三大秧歌之一，素以粗犷奔放、情感充沛、风趣幽默的表演风格著称于世。在表演形式上，分大场子和小场子两种。大场子是群舞，锣鼓铿锵，宛若万马奔腾、大河滔滔。小场子多是双人舞、多人舞，恰似小桥流水，一波三折，美不胜收。

海阳大秧歌表演

保护区湿地

六 保护区管理

（1）海阳万米海滩海洋资源国家级海洋特别保护区从设立至今，基础设施建设不断加强。

（2）完成了界碑、界牌和宣传牌安装，保护区入口标识设置，海上警示浮标安装，实验室仪器购置等工作，为保护区的保护管理工作奠定了基础。

（3）制订了建设管理方案和保护区总体规划，为保护区的建设管理事业指明了方向。

（4）成立了专门的保洁队伍，组织了志愿者保洁活动，确保了万米海滩环境的洁净。

（5）积极争取筹集保护区建设和管理经费，确保保护区的功能建设。

（6）定期开展调查与监测，特别是六七月份浒苔暴发期间，海洋环境站监测根据浒苔应急预案对保护区水质开展跟踪监测，及时将水质情况汇总上报，为市政府及上级部门提供一手数据。

（7）开展了海阳市典型沙质海岸侵蚀调查与修复方案研究，深入调查了解保护区及周边地区的生态环境、资源和社会经济特征，为生态环境的整治和修复、社会经济的可持续发展提供依据。

莱阳五龙河口滨海湿地国家级海洋特别保护区

LAIYANG WULONG HEKOU BINHAI SHIDI GUOJIAJI HAIYANG TEBIE BAOHUQU

一 保护区名片

地理位置	位于丁字湾顶部的莱阳市辖区内五龙河口入海处
地理坐标	36° 35′ N ~ 36° 38′ N，120° 45′ E ~ 120° 52′ E
级别	国家级
批建时间	2011 年 12 月
面积	14.44 平方千米
保护对象	河口生态系统、生物多样性、河口湿地
关键词	胶东第一大河、莱阳“母亲河”、丁字湾河口
资源数据	保护区分为重点保护区、生态与资源恢复区、适度利用区 3 个功能区；主要保护常年流水河口生态系统、生物资源多样性和河口湿地

二 保护区概况

五龙河有白龙河、蚬河、清水河、墨水河、富水河五大支流，汇于五龙峡口，向南经丁字湾流入黄海。五龙河下游为不断流的常年流水河，河口区水域开阔，水流畅通，滩涂资源种类繁多，海洋生态功能重要，湿地自然景观极具特色，渔业资源种类丰富。

莱阳五龙河口滨海湿地国家级海洋特别保护区位于莱阳市辖区内的五龙河口丁字湾顶部海域，水深 0 ~ 5 米的滨海湿地浅海区域，总面积约为 14.44 平方千米。保护区的建设，保护了滨海湿地生物的多样性，维护了生态系统的平衡与完整，使五龙河口生物资源得到有效恢复，自然生态环境呈逐步恢复的趋势。

该保护区分为重点保护区、生态与资源恢复区和适度利用区 3 个功能区。一是保护北方半岛地区独特的常年流水河口生态系统；二是保护常年流水河口附近特有的生物资源多样性；三是保护河口湿地。

该保护区的建立对维护河口及海岸生态系统，保护海洋生物多样性，维护五龙河河口海域生态平衡，改善脆弱的丁字湾河口生态系统，促进地区海洋资源可持续利用和社会经济协调发展等方面发挥了重要作用。

三 功能分区图

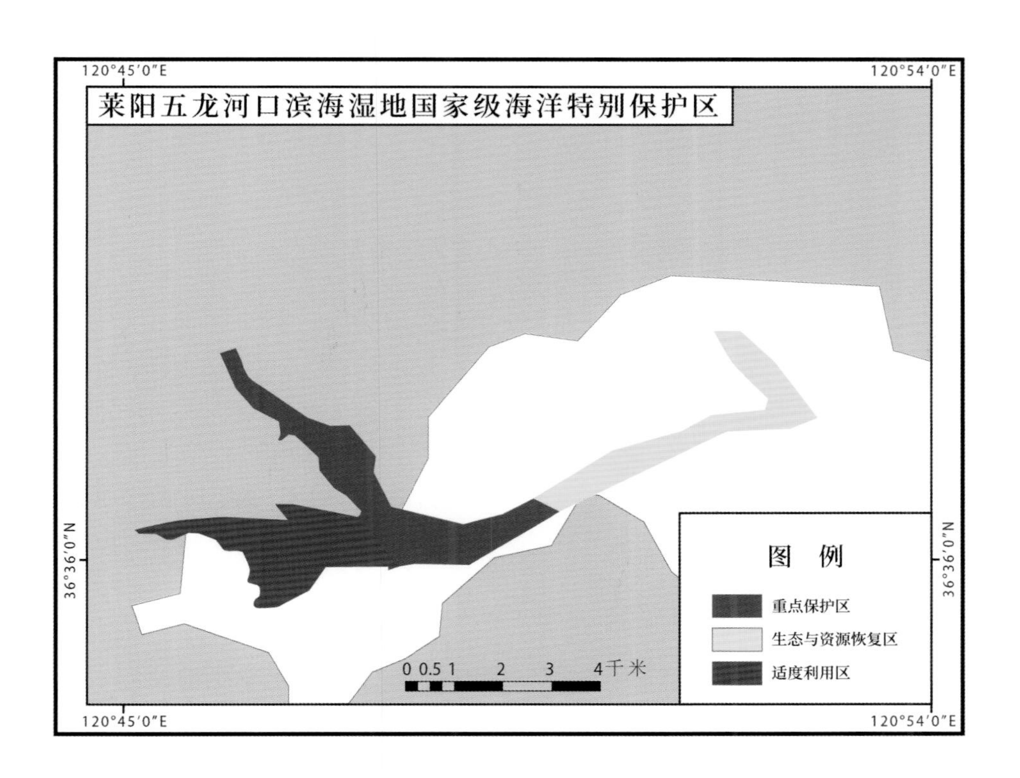

四 代表性资源

（一）动物资源

河蚬

河蚬

学　　名	*Corbicula fluminea*
中文别称	蚬、黄蚬、蟟仔、沙螺、沙喇、蝲仔
分类地位	软体动物门双壳纲真瓣鳃目蚬科蚬属
自然分布	在我国分布于内陆水域

河蚬壳中等大小，壳高与壳长相近似。壳呈圆底三角形，壳面有光泽，呈黄绿色或翠绿色。两壳膨胀，壳顶高，稍偏向前方，壳面环肋清晰。

河蚬常栖息于底质多为沙底、沙泥底或泥底的淡水环境中。它们以浮游生物，如硅藻、绿藻、眼虫、轮虫等为食物。

河蚬为雌雄异体，3 个月可达性成熟，繁殖期由 6 月一直持续到 10 月初。

河蚬富含多种人体必需的氨基酸及钙、硒、铁、碘等微量元素，且易被人体吸收。河蚬还是禽畜类和鱼类的天然饵料。

豁眼鹅

豁眼鹅

学　　名	*Anser cygnoides dornesticus*
中文别称	五龙鹅、豁鹅
分类地位	脊索动物门鸟纲雁形目鸭科雁属
自然分布	在我国分布于山东莱阳、辽宁昌图、吉林通化及黑龙江延寿县等地

豁眼鹅体型轻小而紧凑，公鹅体型稍短，母鹅体型稍长。眼呈三角形，眼睑为淡黄色，两上眼睑均有明显的豁口，为该品种独有的特征。嘴扁平，颈稍长而弯曲，胸深广而突出，背宽平。腿短粗而有力，脚四趾粗壮，有蹼相连。

豁眼鹅抗寒能力较强，冬季在 -30℃且无任何防寒措施的情况下，不仅能生活，而且还能产蛋。年产蛋总量达 12 ～ 13 千克。

（二）特产资源

莱阳梨

莱阳梨表面略呈暗绿色，上有褐色斑点，呈椭球形。莱阳梨清脆多汁，若不慎掉落，落地即迸裂如水散，食之解渴消暑。

莱阳梨主要产地在五龙河流域，那里的细沙土壤多含腐殖质、云母，土质松散，通透性好，对光的反射性强。梨树白天在光合作用中获得糖分，晚上低温不易消耗，从而加快了梨果糖分的积累。因此，莱阳梨含糖量特别高，达 14% 左右，比一般梨含糖量高 2% ~ 3%。

莱阳梨可制成梨汁、罐头、梨糕、梨干等，有清肺、化痰、止咳的功能。

莱阳梨

莱阳五龙河鲤鱼

莱阳五龙河鲤鱼个大体肥、肉质鲜嫩、味道清香。莱阳五龙河鲤鱼有一个明显的特征就是身体略长，有 4 个鼻孔、4 根须，是比较特殊的鲤鱼品种。

2017 年，“莱阳五龙河鲤”经国家工商行政管理总局商标局核准，注册为国家地理标志证明商标，成为莱阳市的地理名片。

莱阳五龙河鲤鱼

（三）旅游资源

蚬河公园

蚬河公园南靠烟青一级公路，北靠市区主干道，交通方便，于 1985 年规划筹建

蚬河公园远景

并于当年竣工。其充分体现了莱阳地方特色，是一处综合旅游景点，也是一处文化娱乐场所。公园分 7 个功能区：儿童娱乐区、体育娱乐区、水上运动区、动物展区、植物景观区、花卉苗圃区、园务管理区。

在公园南大门两侧、龙门湖南岸建春、夏、秋、冬 4 个特色园，并在秋园内建莱阳特色的民居建筑——雪海轩。在龙门湖西岸建梨乡白塔，高约 20 米，分 7 层。

历史人文

（一）民间传说

莱阳梨的传说

据说，古时候有个姓董的书生赴京赶考，却病倒在莱阳境内，多方求医诊疗，不见好转。他无奈灰心回程，行至五龙河畔见一片茂密梨园，遇一位长者。长者手捧一个梨，对书生讲："每日饭后食此梨一个，一个月后病必痊愈。"

书生接过梨，张口一咬，梨到口中没有咀嚼便已化了，如蜜如乳，如酥如饴。只觉五脏滋润，六腑清爽。书生高兴地说道："好哉此梨，莫非神梨乎？"长者捋须笑道："我观公子福相，前程远大，必是翰苑英才。我送你莱阳梨一筐，既可治愈汝日前之疾，又可增汝阳寿。"书生下跪叩谢，起身时已不见长者，只见一筐莱阳梨放于树下。

书生秋试入考场，后又中了状元。天子爱才，将公主下嫁书生。洞房花烛之夜，书生将余下 4 个莱阳梨给公主品尝。公主在宫内珍果佳肴都尝遍了，但觉得没有哪一种果子能比得上莱阳梨的滋味。次日，书生把剩余两个莱阳梨献给皇上和皇后，皇帝食后说："梨乃百果之宗，此梨堪为梨中之王。美哉此梨！"皇后说："真乃天生甘露，不可多得！"自此，莱阳梨被列为皇家贡品。

（二）民间技艺

螳螂拳

螳螂拳为明末清初胶东人王朗所创，距今已有 300 多年的历史，已被列为国家级非物质文化遗产。

螳螂拳在手法上吸取了螳螂巧妙运用两个前臂进行勾、搂、卦、劈等动作时所表现出的快速灵巧；身法上吸取了它腰身的仰、俯、拧、旋的灵活多变；步法上吸取了它的踏实、稳固以及前后左右闪、展、腾、挪的突跃等。

螳螂拳盛行于山东省莱阳市。赵珠、李秉霄、梁学香、姜化龙、李坤山、王玉山、崔寿山等都是螳螂拳的著名传承人。其中，后三位是中国近代螳螂拳传人的杰出代表，功精艺纯，名扬天下，被武术界誉为“莱阳三山”。

螳螂拳

六 保护区管理

（一）管理机构

莱阳五龙河口滨海湿地国家级海洋特别保护区是2011年12月由国家海洋局以国海环字［2011］297号文批复设立。莱阳市机构编制委员会2012年3月7日以莱编［2012］7号文批准成立莱阳五龙河口滨海湿地国家级海洋特别保护区管理处，与莱阳市羊郡渔业技术指导站合署办公。该保护区由莱阳市海洋与渔业局代管。

（二）管理制度

保护区有健全的管理规章制度，其中岗位责任、人事聘用、财务、宣教、培训、巡护、监察执法、社区共管、生态保护、资源利用与恢复、信息管理、考核制度等执行情况良好。

（三）基础设施

（1）基础巡护。保护区已配备专职巡护和执法人员，巡护范围覆盖保护区大部分区域，涵盖重点保护区域及人为活动频繁区域。

（2）巡护执法。对出入该保护区的人员及其携带的海洋、海岛生物、非生物资源实施检查，防止保护区内的自然资源和生态环境受到非法破坏以及外来物种的入侵。

（3）科研监测。加强与有关高校或科研机构的合作，积极参与和支持海洋保护区科学研究工作，并建立海洋生态保护与资源合理利用科学研究与教学实习基地，积累保护区生态环境和主要保护对象的研究成果。

五龙河口滨海湿地

（四）日常管护

（1）巡护。定期或不定期开展日常巡护工作，以定期巡护方式为主，并将巡察、科研监测、执法等工作结合为一体。

（2）违法事件查处。按照有关法律法规的规定，对保护区内的生态旅游、开发建设、参观考察等活动进行执法检查，及时制止破坏保护区生态和资源的违法违规活动，并依据相应的法律法规进行处罚；积极配合市场监管、公安等部门，及时处理违法案件。

（3）突发事件应急处理。保护区根据自身特点、潜在的自然灾害以及可能发生的重大环境污染、违规开发建设和生态破坏等紧急事件，编制《莱阳市水产品质量安全事故应急预案》，并已配备相应的设施设备。

（五）调查监测

（1）定期监测。定期开展生态环境、主要保护对象、自然资源、自然生态灾害、开发利用活动、外来物种入侵、区内旅游活动等内容的监测活动，并建立了监测信息数据库。

（2）资源调查。每隔 5 年进行一次系统的科学本底调查，对保护区内的生物多样性进行编目和详细记录，做到资源本底清楚。

青岛胶州湾国家级海洋公园

QINGDAO JIAOZHOUWAN GUOJIAJI HAIYANG GONGYUAN

一 保护区名片

地理位置	位于山东省青岛市胶州湾中北部，范围覆盖胶州湾内港口航运区以北的大部分区域
地理坐标	36° 00′ N ~ 36° 20′ N，120° 05′ E ~ 120° 20′ E
级别	国家级
批建时间	2016 年 8 月
面积	总面积 200.11 平方千米（陆域面积 0.39 平方千米、海域面积 199.72 平方千米）
保护对象	胶州湾保护控制线内的北部湿地、大沽河河口湿地
关键词	胶州湾大桥、胶州湾湿地、渔盐之利
资源数据	海洋公园有浅海湿地、潮间带湿地、潮上带湿地、河口湿地以及人工湿地等多种湿地类型，是鸟类重要的繁殖地、越冬地与迁徙停歇地

海洋公园局部

二 保护区概况

青岛胶州湾国家级海洋公园总面积 200.11 平方千米，其中陆域面积约 0.39 平方千米，海域面积约 199.72 平方千米。该海洋公园划分为 3 个功能区，其中重点保护区面积 55.85 平方千米、生态与资源恢复区面积 31.16 平方千米、适度利用区面积 113.10 平方千米。

重点保护区：该区域生态环境保护目标的核心是大沽河与洋河河口湿地的生境保护和自然恢复。该区域是胶州湾的生态核心，区内实行严格的保护制度，以自然恢复为主，加强巡护，禁止任何不利于重点保护区保护的活动。

生态与资源恢复区：作为缓冲带，根据海洋公园总体规划进行对生态环境恢复有益的修复性项目，如增殖放流等有利于海洋公园保护对象的活动。不得开展对生态修复不利的开发建设活动，对水面养殖应予以清理。待生态资源环境得到恢复后，可在不破坏保护对象的前提下，适当发展生态旅游活动。国家重大项目和符合总体规划的重点建设项目，需经过海洋公园管理机构批准后，按照相关法律法规要求开展。

适度利用区：应严格控制陆源污染，着重加强对此处入海的墨水河、白沙河等几条入海河流的污染控制。在适度利用区经严格科学论证，可以适度开展与保护目标不相冲突的开发活动，如海上旅游休闲、底播养殖等活动。

青岛胶州湾国家级海洋公园 99.8% 的面积位于胶州湾内。胶州湾是青岛市最重要的海湾，西北部为平坦开阔的大沽河冲积平原和海积平原，属淤泥质海岸；东部为花岗岩丘陵，水深较大，形成绵长的沧口水道，沿岸布有由大港、小港、中港及四方港等组成的沧口水道港群；西南部岩礁直抵海岸，多为深水岸线，适宜兴建深水大港，已建有由油港、前湾港等组成的黄岛港群；北部湾底两侧有大沽河、墨水河和李村河等数条河流注入，饵料丰富，是多种经济鱼类的产卵、索饵和育肥场所。

胶州湾中部和东北部盛产的菲律宾蛤仔是青岛特色名产，年产高达 30 多万吨，是其他渔业生物资源无法比拟的。此外，胶州湾北部与西北部海涂浅水区，特别是有芦苇群落分布的大沽河河口区，是候鸟的天堂。滩上生物多样性高，是生态作用最活跃的地区。

该海洋公园地理区位、生态系统、生物资源和非生物资源、生态旅游条件特殊，具有较高的保护价值。海洋公园内有浅海湿地、潮间带湿地、潮上带湿地、河口湿地以及人工湿地（养殖池、盐田）等多种湿地类型，是鸟类重要的繁殖地、越冬地与迁徙停歇地，湿地生态系统的服务功能和价值较高。

三 功能分区图

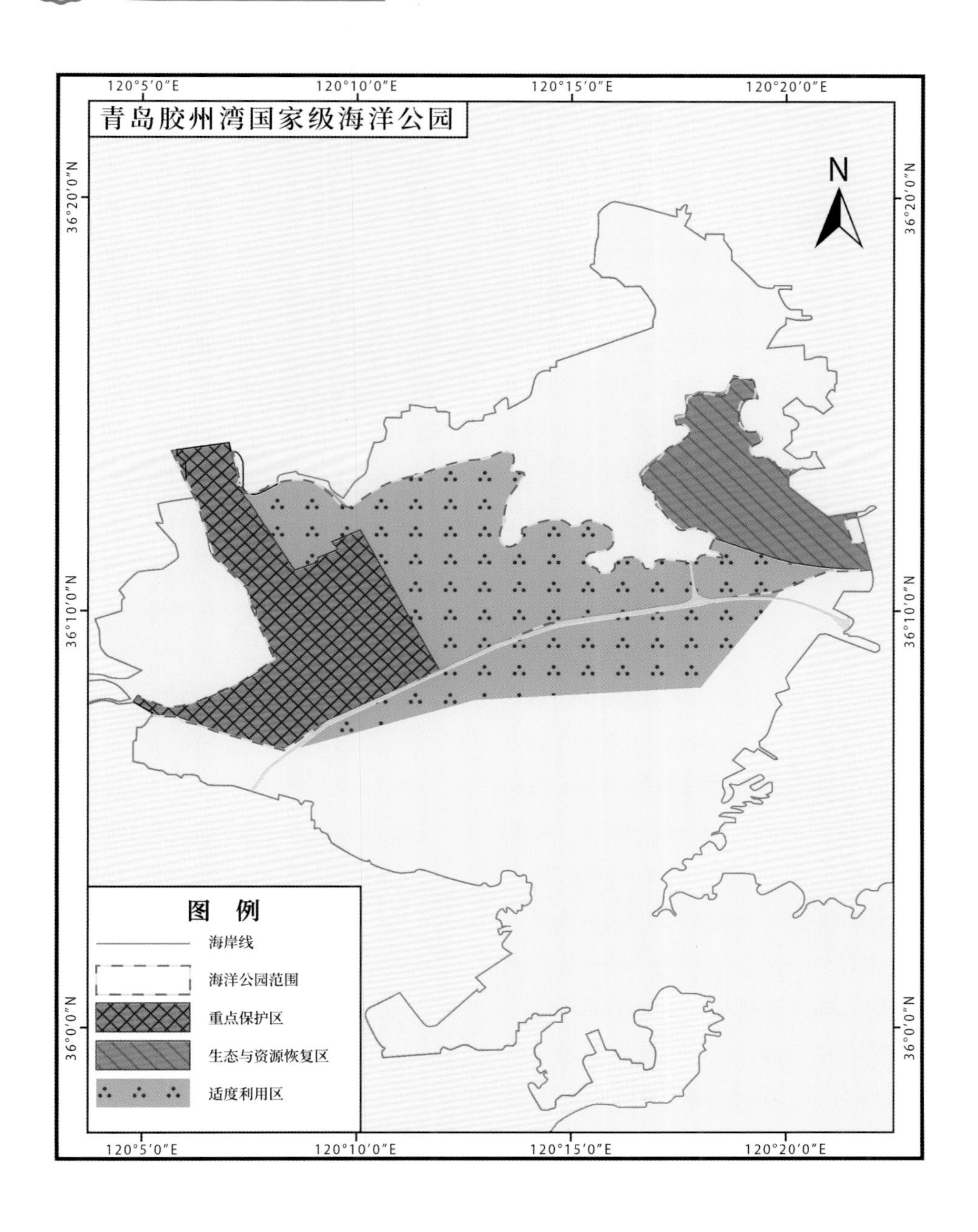

青岛胶州湾国家级海洋公园
120°5′0″E
120°10′0″E
120°15′0″E
120°20′0″E
36°20′0″N
36°10′0″N
36°0′0″N
N
图 例
海岸线
海洋公园范围
重点保护区
生态与资源恢复区
适度利用区

四 代表性资源

（一）动物资源

褐牙鲆

褐牙鲆

学　名	*Paralichthys olivaceus*
中文别称	比目鱼、牙片、偏口、牙鳎
分类地位	脊索动物门辐鳍鱼纲鲽形目牙鲆科牙鲆属
自然分布	在我国除台湾沿海外，自珠江口到鸭绿江口外附近海域均产，以黄海、渤海海域最常见

褐牙鲆体延长，呈卵圆形且扁平。双眼位于头部左侧，具斑点，无眼侧端被圆鳞，呈白色。有眼侧的两个鼻孔约位于眼间隔正中的前方；无眼侧两鼻孔接近头部背缘。口裂斜，左右对称。背鳍约始于上眼前缘附近，左右腹鳍略对称，尾鳍后缘呈双截形。

褐牙鲆为底栖鱼类，具有潜沙习性，幼鱼多生活在水深 10 米以上，有机物少，易形成涡流的河口地带。主要以小鱼、甲壳动物、软体动物等为食。褐牙鲆属多次产卵性鱼类，受精卵经 2 ～ 3 天即可孵化。

褐牙鲆肉细嫩鲜美，是做生鱼片的上等材料，深受消费者的喜爱，经济价值很高。

遗鸥

遗鸥

学　　名	*Larus relictus*
中文别称	钓鱼郎
分类地位	脊索动物门鸟纲鸻形目鸥科鸥属
自然分布	繁殖地集中在我国、哈萨克斯坦、韩国、蒙古、俄罗斯，越冬地在我国和韩国亦有发现

遗鸥体长40厘米左右。夏季头部纯黑，就像围着一块黑色的头巾。冬季头部变为白色，只是在耳区有一个暗色的斑，非常醒目。双眼后的上、下方各分布有一个新月形的白斑。背部、肩部为淡灰色，腰部、尾羽和下体为白色。成鸟嘴和脚都呈暗红色。遗鸥飞翔时翅膀的尖端呈黑色，而且带有白斑。

遗鸥通常栖息于开阔的平原和荒漠以及半荒漠地带的咸水或淡水湖中。虽然它们在当地被称为“钓鱼郎”，但事实上水生昆虫和其他无脊椎动物等才是它们的主要食物。

遗鸥的繁殖期在5～6月，通常在湖心的小岛上营建起成片的巢群产卵。每窝产卵多为2～3枚，卵上带有褐色或黑色斑点。出壳后的第二天，雏鸟就可以行走，在亲鸟的嘴里啄食，但十分怕冷，常依偎在亲鸟的翅膀下取暖。

（二）植物资源

雪松

雪松

学　　名	*Cedrus deodara*
中文别称	香柏
分类地位	裸子植物门松柏纲松柏目松科雪松属
自然分布	在我国分布于山东青岛、辽宁大连、北京及江苏南京等地

雪松高可达50米，树冠呈尖塔形，枝平展、微斜展或略下垂。叶为针形，呈灰绿色或银灰色，在长枝上散生，在短枝上簇生。雄球花近黄色，圆筒形，直立；雌球花呈卵形，为紫色。球果第二年成熟，直立，近似圆球形或卵形，成熟时为赤褐色。

雪松对环境的适应性强，喜阳光充足，也能耐阴；在酸性、微碱性土壤中能适应，在黏重黄土及瘠薄干旱地上也能生长。

雪松为世界著名的观赏树，是园林绿化必不可少的树种。其木材坚实，纹理致密，可供建筑、桥梁、枕木、造船等用。

（三）旅游资源

胶州湾大桥

胶州湾大桥位于山东省青岛市，是我国自行设计、施工、建造的特大跨海大桥。大桥自海尔路起，经红岛到黄岛，全长36.48千米，于2011年6月30日全线通车。

胶州湾大桥远景

胶州湾大桥建成后，一方面可缩小青岛、红岛、黄岛的时空距离，加强主城区与两翼副城区的联系；另一方面可进一步促进青岛与山东半岛城市间的交通联系，对发挥青岛在山东省经济发展的龙头地位，进一步加快山东半岛城市群建设具有重要意义。

胶州湾湿地

胶州湾湿地局部

胶州湾湿地是山东半岛南部面积最大的河口海湾湿地，总面积3.48平方千米。胶州湾湿地生物资源丰富，是亚太候鸟迁徙线路上重要的驿站，每年有数万只候鸟，如灰鹤、反嘴鹬、苍鹭、银鸥、海鸥、黄嘴大白鹭、砺鹬在这里越冬栖息。

历史人文

（一）历史故事

德军强行租借胶州湾事件

1868 年，德国地质学家里希特霍芬在中国调查时，对资源丰厚的山东省极为重视，并认定胶州湾是天然良港。他向政府建议，如果想在亚洲谋求殖民统治，就必须占领一个港口作为立足点，胶州湾就是最好的选择。但因为没有充分的理由，这一侵占胶州湾的想法暂时搁置。

1897 年 11 月 1 日，德国两名天主教传教士在山东曹州巨野县张家庄传教，被当地的反洋教组织“大刀会”砍死。这一事件对没有借口找茬的德国人来说，真是天赐良机。威廉二世接到德国传教士被杀死的消息后，于 11 月 7 日深夜，命令远东海军舰队司令利特里希海军少将立即攻击胶州湾，占领附近所有村庄，夺取整个港口。利特里希少将接到命令后，立刻命令德国海军驻上海的远东分舰队驶往胶州湾。10 日下午，利特里希少将率领满载着德国海军陆战队的三艘军舰和补给船驶往胶州湾，踏上强占胶州湾的征程。

（二）民间传说

夙沙氏煮盐的传说

相传远古的时候，在山东半岛南岸胶州湾北部莲花岛（红岛）一带，住着一个原始部落，部落首领名叫夙沙氏。

有一天，夙沙氏用陶罐从海里打来半罐水准备烧水煮鱼吃，刚放到火上煮，一头野猪从眼前飞奔而过，夙沙氏拔腿就追，等他扛着打死的猪回来，罐里的水已经熬干了，罐底留下了一层白白的细末。他用手指沾了一点放到嘴里品尝，发现是咸的。于是夙沙氏用烤熟的野猪肉蘸着这种细末吃起来，味道很鲜美。那白白的细末便是从海水中熬出来的盐，人类从此开始了海盐的生产。因此，夙沙氏被称为用海水制盐的鼻祖，后世尊称其为“盐宗”。

煮海为盐

六 保护区管理

青岛胶州湾国家级海洋公园主要依托青岛市海洋发展局开展前期建设和管理工作。根据相关法律法规和管理工作需要，青岛市海洋发展局制定了《青岛胶州湾国家级海洋公园建设管理工作方案》，完成了海洋公园管理机构成立、专项规划编制、界碑、界标设置等工作。

（一）重点保护区

重点保护区生态系统十分脆弱，应严禁在重点保护区内捕捞、采挖野生生物；严禁进行围填海等可能对海岸、海底地形地貌等自然环境造成破坏的开发活动；严格限制现有养殖活动，不允许继续扩大养殖范围；允许开展增殖放流、湿地植物栽植等恢复性保护活动及符合海洋公园总体规划要求的保护项目。

加强对重点保护区的监测，北部大沽河河口重点保护区重点关注大沽河河口湿地面积变化及邻近浅水区生物多样性；南部洋河河口重点保护区重点关注碱蓬等湿地植物分布和鸟类迁徙、栖息情况。

海洋公园局部

（二）生态与资源恢复区

在生态与资源恢复区内，根据科学研究结果，可以采取适当的人工生态整治与修复措施，恢复海洋生态、资源与关键生境。国家重大项目和符合总体规划的重点建设项目，须经过海洋公园管理机构批准后，按照相关法律法规要求开展。定期开展海洋公园生态环境调查，及时掌握该区域的生态系统的健康程度，重点关注国家重大工程建设项目对海洋公园的环境影响，及时采取有针对性的修复措施，有效保护该区域的生态系统。

（三）适度利用区

在适度利用区内，在确保海洋生态系统安全的前提下，允许适度利用海洋资源。鼓励实施与海洋公园保护目标相一致的生态型资源利用活动，建立协调的海洋生态经济模式，可以开展生态旅游业、休闲渔业、无害化科学试验等与保护目标相一致的开发活动。在海洋公园内进行的其他开发利用活动需依法经过批准。符合总体规划的重点建设项目，需经过海洋公园管理机构批准后，按照相关法律法规要求开展。鼓励开展科普和公益性活动，不断提高市民的海洋环保意识。科研机构、大专院校可以将适度利用区作为海洋生态保护和资源可持续利用的科研、教学和实验基地。建立海洋环境监视监测体系，对海洋公园进行定期监测；制订海洋公园巡查方案，对海洋公园实施定期或不定期保护巡查，重点检查和清理非法用海活动。

青岛西海岸国家级海洋公园

QINGDAO XIHAIAN GUOJIAJI HAIYANG GONGYUAN

海洋公园局部

一 保护区名片

地理位置	位于山东省青岛市西海岸经济新区，东起薛家岛街道办事处，沿海岸线向西一直延伸到琅琊镇
地理坐标	35° 35′ N ~ 36° 00′ N, 119° 51′ E ~ 120° 18′ E
级别	国家级
批建时间	2014 年 3 月
面积	458.64 平方千米
保护对象	白氏文昌鱼、仿刺参、皱纹盘鲍等海洋生物，生态环境、海沙资源
关键词	金沙滩、唐岛湾、白氏文昌鱼
资源数据	海洋公园海洋生物资源丰富，鱼类资源占 80%，虾、蟹及头足类资源约占 20%；森林覆盖率 44.2%

二 保护区概况

青岛西海岸国家级海洋公园总面积 458.64 平方千米，横跨薛家岛、唐岛湾、灵山湾、龙湾、斋堂岛、琅琊台，最远至灵山岛东部海域。将其按功能划分为重点保护区、生态与资源恢复区、适度利用区 3 个区域。

重点保护区面积约 147.64 平方千米，占保护区总面积的 32.20%，主要为海域部分。该区域位于灵山岛省级自然保护区附近海域，生态环境状况良好，海洋生物多样性高，拥有国家二级重点保护野生动物白氏文昌鱼以及西施舌、皱纹盘鲍、仿刺参等珍贵的生物种类，生态系统十分脆弱，生物栖息环境极易受到破坏。

生态与资源恢复区面积约 110 平方千米，占保护区总面积的 23.97%。该区域主要包括 3 部分海域，分别为金沙滩附近海域、风河湿地海域及琅琊台景区附近海域。该区域以自然恢复为主、人工修复为辅。根据科学研究结果，可以采取适当的人工生态整治与修复措施，恢复海洋生态、资源与关键生境。

金沙滩风光

适度利用区面积约201平方千米，占保护区总面积的43.83%。其中，陆域面积约61平方千米，海域面积约140平方千米，包括唐岛湾及薛家岛沿海一线及部分陆域和琅琊台景区区域。此区域基础配套设施较为齐全，交通便利，可适当开展旅游业。

该海洋公园所在地理位置优越，小珠山、铁橛山、藏马山和大珠山构成东北—西南向生态走廊，支脉蔓延全境，水系丰富，森林覆盖率44.2%。海洋公园涵盖青岛西海岸重要的海洋与陆地生态系统类型，山、海、岛、滩、湾、礁资源齐全，自然景观丰富。

三 功能分区图

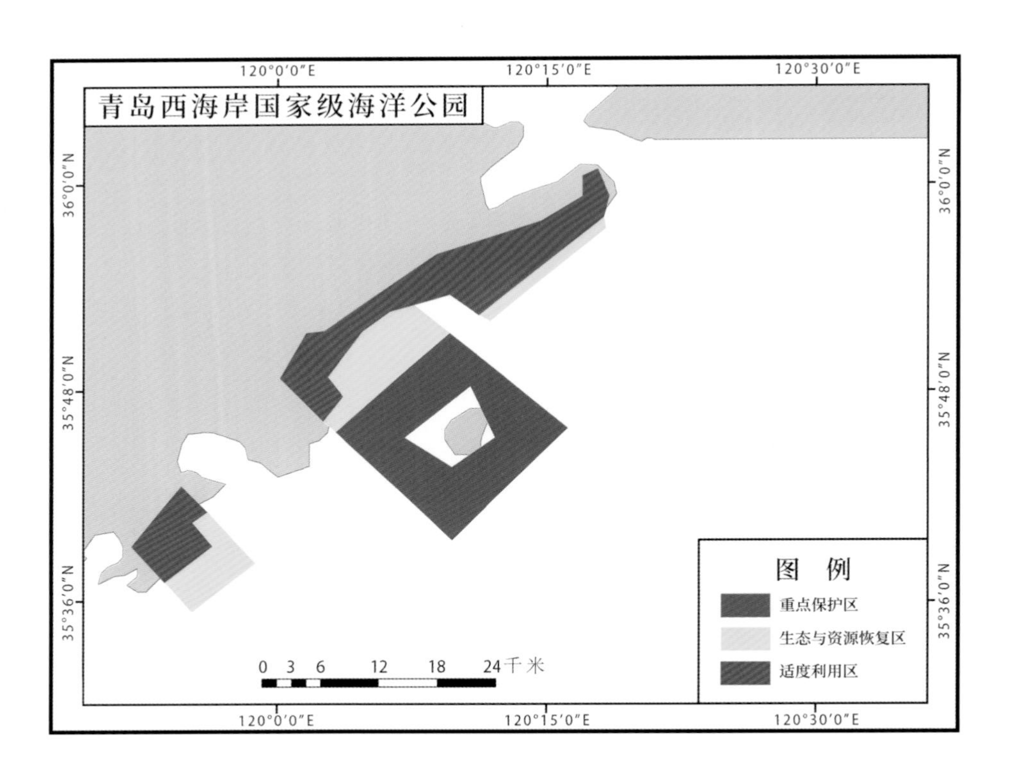

代表性资源

（一）动物资源

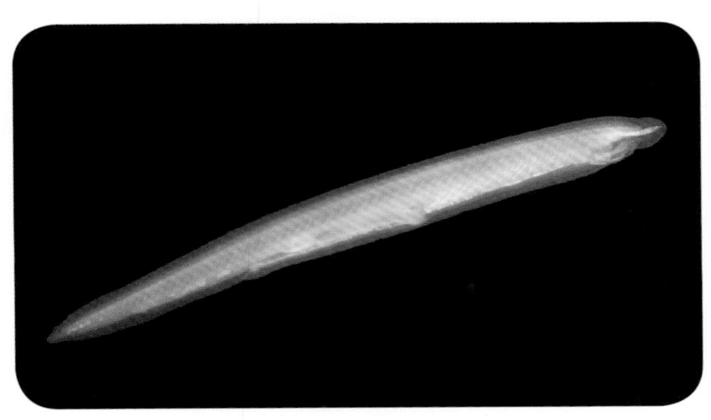

白氏文昌鱼

白氏文昌鱼

学　名	*Branchiostoma belcheri*
中文别称	蛞蝓鱼、松担物、无头鱼、鳄鱼虫
分类地位	脊索动物门头索纲文昌鱼目文昌鱼科文昌鱼属
自然分布	在我国主要分布于福建厦门、漳洲东山岛，山东烟台、青岛、日照，河北秦皇岛，广东汕头、阳江、茂名、湛江，广西北部湾一带等地沿海

白氏文昌鱼为国家二级重点保护野生动物，是一种半透明的鱼形动物，没有头与躯干之别，身体细长；两端呈尖的枪头状，生活时体色稍红。脊索延续，伸达体前端，为支持身体的中轴。体有分节的“V”形肌节，有利于身体弯曲。皮肤很薄，由表皮和真皮构成。

白氏文昌鱼生活在浅海粗而松软的沙底，常钻入沙中，只前端伸出沙外。受惊扰时会钻出，通过身体左右摆动来移动。

白氏文昌鱼为雌雄异体，每年春末夏初开始繁殖。成熟的生殖细胞从腹孔流出，在海水中受精。卵为圆形，直径 0.1 ～ 0.2 毫米，卵黄少，为均黄卵。白氏文昌鱼生长缓慢，而且寿命不长，一般只有 4 年。

（二）植物资源

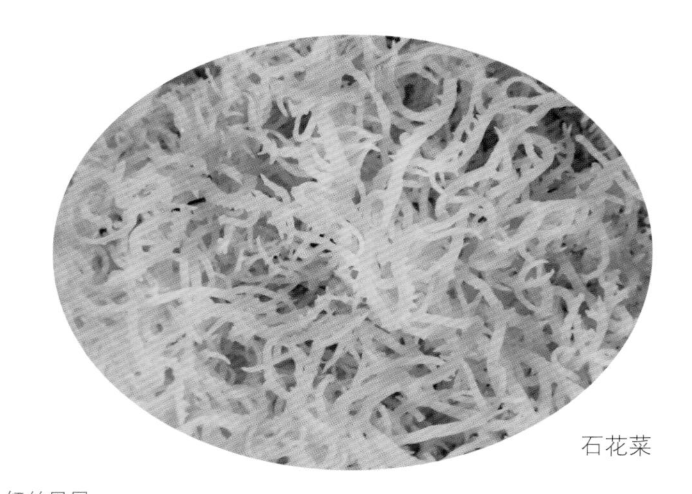
石花菜

石花菜

学　　名	*Gelidium amansii*
中文别称	鸡脚菜、海冻菜、红丝凤尾
分类地位	红藻门真红藻纲石花菜目石花菜科石花菜属
自然分布	在我国分布于辽宁、河北、山东、江苏、浙江、福建及台湾等地沿海

石花菜多数呈紫红色、深红色或绛紫色。藻体直立生长，分固着器、主枝和分枝。固着器盘状，主枝和分枝的末端均为尖形，分枝互生或对生，整个藻体上部的分枝较密，下部的分枝稀疏。

石花菜营固着生活，生长于大潮低潮线附近的岩礁上。其垂直分布受当地海水透明度的影响，为最能适应弱光的海藻类之一。

石花菜凉粉

石花菜含有铁、镁、锰等多种人体所需的微量元素，全部藻体皆可作为药用，有清热解毒的作用。石花菜内含有大量胶质，是制作琼脂、琼胶的主要原料。用石花菜制作的凉粉，美味可口，深受人们喜爱。

青岛百合

学　　名	*Lilium tsingtauense*
中文别称	崂山百合
分类地位	被子植物门百合目百合科百合属
自然分布	在我国分布于山东、安徽等地

青岛百合

青岛百合为多年生草本，高 40 ~ 85 厘米。鳞茎近球形，鳞片披针形，无节。有轮生叶 1 ~ 2 轮和少数散生叶，每轮有叶 5 ~ 14 枚。花单生或 2 ~ 7 朵排列成总状花序，橙黄色或橙红色，有紫红色斑点，花被片张开而不反卷。花期 6 月，果期 8 月。

青岛百合自然生长在海拔 400 ~ 1 000 米的杂木林中或低矮灌木、草丛中的略有荫蔽处。苗期与成龄植株轮生叶片能适当地遮阴，而花朵需要充足的阳光。青岛百合十分耐寒，喜含丰富腐殖质的土壤。

青岛百合具有很高的观赏价值，为观赏和园林绿化的优良品种。

（三）旅游资源

唐岛湾旅游景区

唐岛湾属于半封闭性海湾。唐岛湾旅游景区位于滨海公路唐岛湾段与唐岛湾之间，面积约 20 平方千米，包括唐岛湾滨海公园、唐岛湾游艇会、唐岛湾海上嘉年华等。

唐岛湾远景

琅琊台顶的秦始皇遣徐福入海求仙群雕

琅琊台风景名胜区

琅琊台位于西海岸新区海滨，海拔 183.4 米。琅琊台风景名胜区的景观包括琅琊台、琅琊台下的龙湾、环台沿海风景带及台前斋堂岛上的古迹和自然风光。

青岛鲁海丰海洋牧场局部

青岛鲁海丰海洋牧场

青岛鲁海丰海洋牧场位于西海岸国家级海洋公园石岭子礁海域，东望美丽的金沙滩，西靠靓丽的银沙滩，地理条件十分优越。现已建成人工鱼礁区 2 平方千米，发展深水抗风浪网箱 180 个、普通网箱 60 个，藻类养殖 6.67 余平方千米。

2013年青岛鲁海丰海洋牧场被评为“全国休闲渔业示范基地”；2015年被评为“山东省省级休闲海钓示范基地”，首批国家级海洋牧场示范区。

大珠山风景区

大珠山风景区位于黄岛区东南部海滨，主峰大砦顶海拔486米，占地面积约65平方千米，与小珠山一起“双珠嵌云”，为古胶州八景之一。

大珠山风景区旅游资源丰富，自然景观和人文景观荟萃。山中有建于隋唐时期的佛教造像石窟，重修于金大定年间的石门古寺；有墓塔林、麻衣庵、朱朝洞、吟诗台、珠山石室等古代名士隐居和文人墨客探幽的遗迹；还有千姿百态的奇峰异石。

大珠山花海

历史人文

民间传说

灵山岛的传说

传说灵山岛是唐僧的一滴眼泪。唐僧师徒四人西天取经，经历九九八十一难，终于取回了真经。有一天，唐僧从天庭出来散步，来到黄海边上。忽然，风起云涌，波涛澎湃。唐僧往下一看，只见一艘小船在起伏的波涛中若隐若现，一位穿着破烂的僧人正驾着小船，挣扎着向东航行。

鉴真东渡群雕

灵山岛风光

唐僧定睛一看，原来是鉴真和尚要东渡日本，传经弘法。这已经是鉴真第六次东渡了。前五次都没有成功，但他屡败屡渡，痴心不改，而且现在已经双目失明。唐僧被鉴真的精神感动了，想起了自己西天取经的往事，酸甜苦辣涌上心头，一滴眼泪落在浩瀚的黄海之中，一个岛屿竟浮出了海面。在风浪中挣扎的鉴真登上了这个海岛，经过简单休整，继续东渡，终于到达了日本。

大珠山、小珠山的传说

当地人盛传大珠山、小珠山两座大山是二郎神所赐。盘古开天辟地之后，天上出现了七个太阳。烈日当空，凡人难以生存。二郎神奉旨追杀太阳，日夜兼程，一直来到了东海岸边，也就是现在胶南市的黄海岸边。这时，他感到鞋子里有东西硌脚，脱下鞋子一看，发现里面不知何时灌进了一些玉石和沙土。他拾起一只鞋子，朝着东部方向敲打，鞋里面的玉石跌落，瞬间变成了支脉较多的小珠山。他把另一只鞋子朝着西南方向敲打，玉石顿时就化成了支脉较少的大珠山。鞋里的沙土随风飘扬，眨眼间尘埃落定，四周的大地沟满壕平，变成了一片土地肥沃的大平原。

小珠山风光

六 保护区管理

（一）监管审批

按照《海洋特别保护区管理规定》的要求，严格按照程序来开展海洋公园范围内用海项目建设。所有用海项目对海洋公园的影响均需经过科学论证、专家评审、严格报批。

（二）生态修复

为了更好地保护青岛西海岸国家级海洋公园，恢复海洋公园范围内的海洋生态系统，管理机构在海洋公园内的适合区域开展了一系列的增殖放流、人工鱼礁建设等工作，并结合区域养殖建设了大规模的海洋牧场，对海洋公园的生态修复起到了重要作用。

（三）监管执法

（1）严查非法捕捞渔具。为改善和保护白氏文昌鱼、西施舌等生物栖息海域环境，对海洋公园重点保护区即灵山岛东部海域违规设置渔具，开展了集中清理。

（2）严格执行海洋伏季休渔制度。严格休渔期间海上执法检查，通过海陆联动，全面布控，严格执法。

（3）加强日常巡护和执法监察。定期开展海洋公园海陆巡查巡护，做好巡护记录，严格监管海洋公园内用海活动。

（四）科研监测

（1）开展海洋公园范围内相关监测工作。组织科研人员定期对金沙滩、银沙滩、唐岛湾、灵山湾、龙湾、古镇口湾、琅琊台湾等重点旅游景区及港区进行水质、底栖生物及沉积物调查检测，形成检测报告，及时掌握海洋公园内生态情况以及海洋自然情况动态。

（2）建成了海域远程视频监控网络。在灵山湾、龙门顶、琅琊台、董家口、薛家岛、鱼鸣嘴、连三岛等区域建立了12处海域远程视频监控点，进行24小时监控。

灵山岛远景

（五）宣传教育

每年在世界海洋日举行增殖放流等活动，邀请相关记者及普通市民和中小学生积极参与，对广大参与者进行宣传教育。在海洋公园区域内游客众多的唐岛湾公园服务中心，设置了青岛西海岸国家级海洋公园展示牌，将海洋公园范围及内容展示给游客。扶持青岛贝壳博物馆等科普宣传机构作为海洋公园科普教育基地，增强大众特别是青少年热爱海洋、保护海洋的意识。

日照国家级海洋公园

RIZHAO GUOJIAJI HAIYANG GONGYUAN

一 保护区名片

地理位置	位于山东省日照市东部海域，北起两城河口，南到灯塔广场，西到北沿海路，东至离高潮线 11.112 千米以内的海域范围
地理坐标	35° 23′ N ~ 35° 35′ N, 119° 32′ E ~ 119° 45′ E
级别	国家级
批建时间	2011 年 5 月
面积	273.27 平方千米
保护对象	潟湖、河口湿地、沙滩、岩礁岛屿、滨海防护林、森林公园、人工鱼礁及种质资源保护区等多种生态类型与景观
关键词	两城河口湿地、日照灯塔、世帆赛基地
资源数据	海洋公园有浮游植物 23 种、浮游动物 21 种、底栖生物 83 种、潮间带底栖生物 12 种

海洋公园局部

二 保护区概况

日照国家级海洋公园位于山东省日照市东部海域，北起两城河口，南到灯塔广场，西到北沿海路，东至离高潮线 11.112 千米以内的海域范围。海岸线长 31.2 千米，总面积 273.27 平方千米，分为重点保护区、生态与资源恢复区、适度利用区 3 个功能区。

重点保护区面积 54.43 平方千米，包括两城河河口湿地保护区、太公岛与桃花岛海岛保护区、万平口潟湖湿地保护区、鲁南海滨国家森林公园、西施舌种质资源保护区、梦幻沙滩资源保护区。

生态与资源恢复区面积 49.43 平方千米，包括海岸带生态保护与景观区、人工鱼礁保护区。

适度利用区面积 169.41 平方千米，包括帆船比赛基地、海洋生物增养殖观赏区、管理与科学实验区。

该海洋公园内海岸潟湖、优质沙滩、岛礁岩礁、河口湿地、滨海森林等集中分布，历史遗迹、潟湖公园、水上运动基地等人文景观点缀其中，生态环境优良，是日照市重点生态保护区域和海滨观光旅游的核心区域。

该海洋公园内浮游生物和底栖生物主要优势种群结构稳定，生物多样性高，有浮游植物 23 种，以硅藻、甲藻为主，达 80% 以上；浮游动物 21 种，密度较大，桡足类、端足类、毛颚类、被囊类、腔肠动物等浮游动物均存在于海洋公园内；底栖生物 83 种，以环节动物、软体动物、节肢动物、棘皮动物为主，其他种类为辅；潮间带底栖生物 12 种，以多毛类、软体动物、节肢动物为主，主要为中国蛤蜊和紫彩血蛤，重要物种如扁玉螺、长吻沙蚕、等边浅蛤、冠鞭蟹、九州斧蛤、巢沙蚕和圆球股窗蟹等也有不同程度地存在。

该海洋公园实现了海洋景观、海洋生态、海洋文化、海洋旅游等多种元素的融合统一，是中国北方景点分布比较集中、涵盖内容丰富的国家海洋公园。总体规划布局为“二点一线”。“二点”：北部是以两城河口湿地、大沙洼森林公园、国家级西施舌种质资源保护区为载体的生态休闲板块；南部是以灯塔风景区、万平口海滨风景区、世帆赛基地、水上运动中心、海上运动场为依托的水上运动和观光板块。“一线”：阳光海岸带，包括近岸岛礁、沙滩等，以休闲娱乐度假为主要功能。海上已规划建设了资源增殖保护区、人工鱼礁区等海洋牧场近33.33平方千米，陆域范围建成区是日照沿海主要的旅游休闲区域。

 三 功能分区图

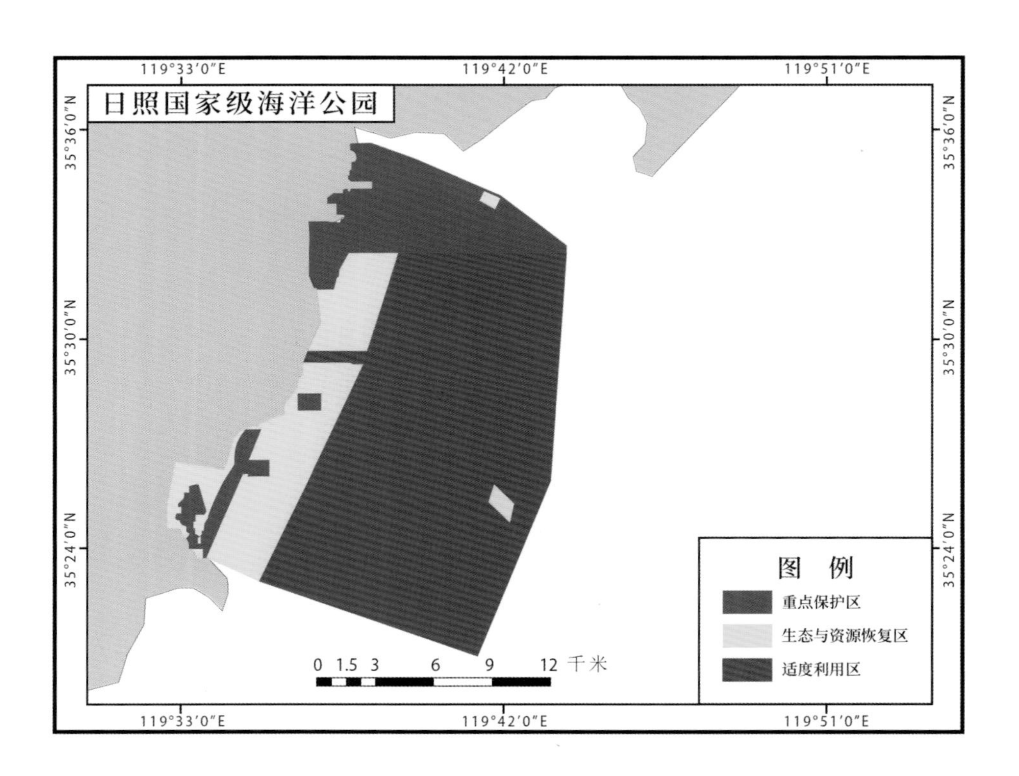

代表性资源

（一）动物资源

扁玉螺

学　　名	*Neverita didyma*
中文别称	肚脐螺、海脐
分类地位	软体动物门腹足纲中腹足目玉螺科扁玉螺属
自然分布	在我国沿海均有分布

扁玉螺

扁玉螺壳为扁椭圆形，十分光滑，有极细微的螺旋线。宽度大于高度，壳质坚实而厚，螺层约 6 层。最明显的特征是壳塔极低而平，壳顶呈乳头状，几乎不超出壳的表面。壳面大部分为浅黄褐色，略带紫色；基部白色；壳顶紫褐色；自上而下有一条螺旋状的棕色带。脐腔为白色，边缘张开，足缩入壳时能完全将壳口封闭。

扁玉螺生活在潮间带至水深 50 米的沙或泥沙质海底，通常在低潮区至 10 米左右的水深处栖息，常潜入沙内以猎取其他贝类为食。

扁玉螺在 8 ～ 9 月产卵。产卵时，受精卵和胶状物质一点点地从生殖孔中挤出，和细沙黏合在一起，形成领状的卵袋。

扁玉螺是我国沿海重要的经济腹足类，个体大，高蛋白、低脂肪，肉味鲜美，食后口余清香，广为沿海居民喜爱。

巢沙蚕

巢沙蚕

学　名	*Diopatra neapolitana*
分类地位	环节动物门多毛纲矶沙蚕目欧努菲虫科巢沙蚕属
自然分布	在我国分布于华北、华东及华南沿海

巢沙蚕身体呈圆柱形，长 40 厘米左右，有 200 ~ 300 个体节。体色为褐色，但前部的背面为暗蓝色，腹面呈淡红色。头小，有 2 条短小的前额触手，5 条长的口前触手，前下方有 1 对粗大的副触手。上、下颚为深褐色，下颚前端稍呈卵圆形，有一对白色圆形的下颚板。鳃自第 5 节开始出现，由多数鲜红色的鳃丝绕轴呈螺旋状排列而成。

巢沙蚕分布在海边沙滩上。可分泌黏液，利用外物如沙粒、贝壳碎片、海藻、树叶、竹木碎片等筑成管子，栖息于其中。

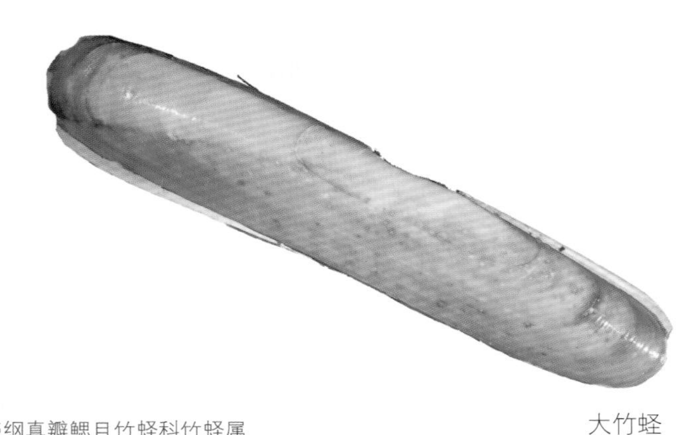
大竹蛏

大竹蛏

学　　名　*Solen grandis*
分类地位　软体动物门双壳纲真瓣鳃目竹蛏科竹蛏属
自然分布　在我国沿海广泛分布

大竹蛏壳呈竹筒状，前、后端开口，壳质薄脆。壳前缘为截形，后缘近圆弧形。韧带为黑色或黑褐色；前端细小，后端大。壳表面平滑，有明显的生长线纹，并有淡红色的带，被一层具光泽的黄褐色壳皮，壳顶附近壳皮易脱落。壳内面为白色，并常见到淡红色或略带紫色的带。铰合部短小，左、右壳各有 1 枚主齿。

大竹蛏常见于我国沿海地带，埋栖于潮间带中、下海区和浅海的泥沙滩上，栖息深度为 30 ～ 40 厘米。

大竹蛏味道鲜美，肉中含有丰富的蛋白质、脂肪、维生素及矿物质等。

大竹蛏

（二）旅游资源

日照灯塔风景区

日照灯塔位于日照市的灯塔风景区，是日照海滨城市的象征。灯塔风景区位于日照市东港区，由灯塔广场、观石广场、观涛广场组成。沿海地段以灯塔、自然礁石群为主题，整合了护岸、木栈道、硬质铺装等带状景观。

日照灯塔

日照万平口海滨风景区

日照万平口海滨风景区位于日照市东港区，是日照市黄金海岸线上新兴的旅游胜地，有“万只船舶平安入口之意”。景区海岸线长 5 000 米，占地面积 760 万平方米，区内自然景观与人文景观有机结合，蓝天、绿地、碧海、金沙是其最好的写照。

日照万平口海滨风景区

日照世界帆船锦标赛基地

日照世界帆船锦标赛基地总面积1.06平方千米，是承办2005年欧洲级、2006年国际470级世界帆船锦标赛而建设的基地，主要包括港池、护岸、护堤、浮动码头、小品、雕塑、灯光、已完工的17 000平方米的帆船俱乐部、水上控制中心和船库丈量室以及正在建设中的圣火台和服务中心等。

日照世界帆船锦标赛基地

日照两城河口国家湿地公园

日照两城河口国家湿地公园位于两城河口下游、日照国家级海洋公园与万宝水产集团南北海域之间，主要包括两城河口至白马河口近岸水域，被批准为2015年国家湿地公园试点。河口两侧分布着大面积的沼泽地和潮间带，拥有丰富的水生和陆生动植物资源。

两城河口湿地

五 历史人文

（一）民间传说

"杞梁妻哭夫"的传说

中国民间传说"孟姜女哭长城"的故事源于"杞梁妻哭夫"的传说，它的发源地在莒县，是在莒国故城及周边地区民间广为流传的爱情故事。

齐庄公四年（前550），齐国对莒国发动突然袭击。齐庄公亲自跃马挺枪攻打城门，被莒国的士兵砍伤了大腿，败下阵来。晚上，他派大将杞梁、华周二人带领士兵乘坐木筏，从猪龙河进入沭河，顺流而下，直奔莒城，准备偷袭。

齐庄公不顾伤痛，亲自统领大队人马随后接应。第二天，杞梁、华周与莒国大将莒子率领的人马相遇。起初，莒子企图贿赂杞、华二人，但被严词拒绝。这时，齐庄公和大队人马也赶到了。莒子见情势十分危急，就亲自擂起战鼓，指挥将士与齐军厮杀，结果俘获了杞梁。因杞梁拒不投降，莒子就将他杀了。齐庄公见大势已去，遂带领残兵败将回国。回国路上，他们遇到了杞梁的妻子。齐庄公当即派人为杞梁吊丧，可是杞梁的妻子认为荒郊野岭不是吊丧的地方，对这场战争表达不满，并哭诉着失去丈夫的痛苦。于是，齐庄公回国后亲自到她家为杞梁吊丧。

（二）风土人情

日照渔民节

渔民节庆祝活动在日照沿海的两城镇、秦楼街道、北京路街道、石臼所、岚山头等盛行，其中以裴家村一带为主要活动场所。

中国自古相传龙王是海神，所以古时候渔民拜祭龙王，祈求渔业生产平安丰收，久而久之，渐成习俗。渔民节作为重要的民俗活动，2007年被列入山东省第一批非物质文化遗产名录，2008年被列入国家级第二批非物质文化遗产名录。

六 保护区管理

（1）编制完成了《日照国家级海洋公园总体规划》，加快全市海洋牧场（人工海底礁）的发展，制定了《北部海域养殖产业指导性规划》和《人工鱼礁发展规划》，推进了黄家塘湾人工鱼礁、太公岛人工鱼礁等海底生态礁的建设。

（2）先后实施了世帆赛基地及阳光海岸带岸线生态整治和桃花岛清淤等多个项目。

（3）加强海洋资源保护区的建设，先后新建和升级了西施舌、中国对虾、日本冠鞭蟹、栉江珧等一批资源保护区，通过政府引导的方式，对海洋公园沿岸的礁石、牡蛎等珍贵资源进行保护。

（4）开展了海洋公园范围内海洋环境监测和基础调查等工作，在重点海域和生态敏感区开展专项监测。

（5）开展了界碑、界址、警示浮标和管护用房等管护设施建设，在沿海建设了覆盖海洋公园全区域的监控系统和大屏幕宣教系统。

在海边玩耍的人们

江苏连云港海州湾国家级海洋公园

JIANGSU LIANYUNGANG HAIZHOUWAN GUOJIAJI HAIYANG GONGYUAN

海州湾局部

保护区名片

地理位置	位于江苏省连云港市海州湾海域
地理坐标	34° 42′ N ～ 35° 00′ N，119° 10′ E ～ 119° 33′ E
级别	国家级
批建时间	2011 年 5 月
面积	514.55 平方千米
保护对象	独特的基岩海岛、海湾生态系统、典型的海岸带地貌等
关键词	秦山岛、鸟类迁徙的重要通道、渔盐之利
资源数据	海洋公园内有真鲷、鲍鱼等数百种珍贵海洋动物和赤腹鹰、雀鹰、白尾鹞、丹顶鹤、震旦鸦雀等 100 多种鸟类；还有红楠、珊瑚菜、单叶蔓荆、香豌豆、沙滩黄芩等植物

二 保护区概况

江苏连云港海州湾国家级海洋公园总面积514.55平方千米，是在连云港海州湾海湾生态系统与自然遗迹海洋特别保护区建设基础上以保护海洋生态为主题打造的低碳、绿色、环保的海洋公园。

根据不同的主导功能，该海洋公园划分为4个区：生态保护区、资源恢复区、生态环境整治区各1块，开发利用区2块；3个保护点分别为龙王河口沙嘴保护点、竹岛保护点、东西连岛苏马湾保护点。

海州湾海域分布有江苏省仅有的14个基岩岛，而该海洋公园主要的基岩海岛为秦山岛、竹岛。基岩海岛受强烈的波浪等水动力作用，形成了各种海蚀地貌，如海蚀崖、海蚀穴、海蚀平台、海蚀柱和浪蚀蜂窝状崖面等。

就生态环境来说，海州湾是我国海岸南北分界、亚热带与暖温带的交界处，生物资源十分丰富，既有近岸低盐物种，也有远岸高盐类群。该海洋公园分布着数百种珍贵海洋动物和100多种鸟类。鸟类包括白额鹱、黑鹳、赤腹鹰、雀鹰、白尾鹞、丹顶鹤、震旦鸦雀、岩鸡等；代表性海洋动物包括真鲷、鲍鱼、海参、扇贝等；代表性的植物物种有红楠、珊瑚菜、单叶蔓荆、香豌豆、沙滩黄芩等。

功能分区图

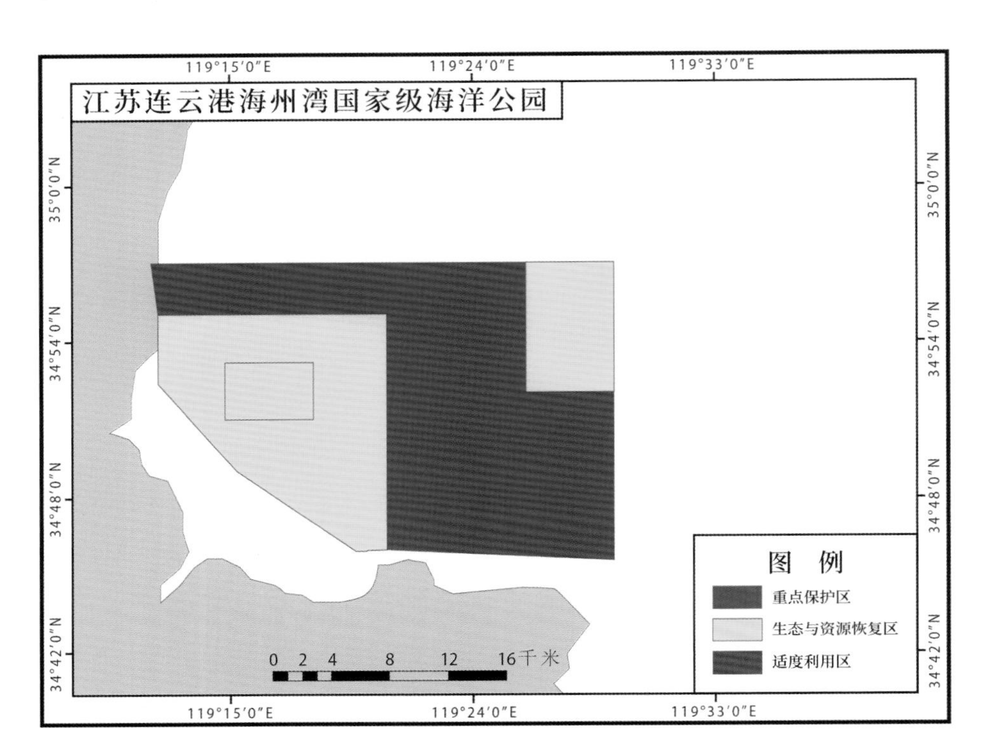

代表性资源

（一）动物资源

赤腹鹰

赤腹鹰

学　　名　*Accipiter soloensis*

中文别称　鹅鹰、红鼻士排鲁鹞、鸽子鹰

分类地位　脊索动物门鸟纲隼形目鹰科鹰属

自然分布　在我国分布于四川、陕西、湖南、湖北、安徽、江西、江苏及浙江等地

赤腹鹰

赤腹鹰为国家二级重点保护野生动物，属于体型略小的猛禽。成鸟上体呈淡蓝灰色，下体为白色，胸及两肋略沾粉色，两肋具浅灰色横纹，腿上也略具横纹。成鸟翼下除初级飞羽羽端为黑色外，几乎全白。虹膜棕色或黄色。

赤腹鹰常栖息于阔叶林和针阔混交林的林缘带，以小型鸟类、蛙、蜥蜴和大型昆虫为食。

赤腹鹰多筑巢于高大乔木上。每窝产卵 2 ～ 5 枚，卵呈淡青色。通常雌鸟负责孵卵，雄鸟负责捕食，孵化期为 30 天左右。

白尾鹞

白尾鹞

学　名	*Circus cyaneus*
中文别称	灰泽鹞、灰鹰、白抓、灰鹞、鸡鸟
分类地位	脊索动物门鸟纲隼形目鹰科鹞属
自然分布	在我国繁殖于新疆西部、内蒙古东北部、吉林、辽宁和黑龙江等地

白尾鹞为国家二级重点保护野生动物，雄鸟上体为灰色；额、头顶、后颈为青灰色；尾上覆羽；翼下覆羽，胁、腹和覆腿羽均为白色。雌鸟上体大都为暗褐色；虹膜为黄色；嘴是黑色；翼下覆羽是白色，有赤褐色轴斑；中央一对尾羽灰褐色，外侧棕黄色；下体棕黄色，杂以棕褐色的纵纹；跗跖与趾均为黄色，爪是黑色。

白尾鹞以农田、河谷、草原等开阔地为栖息地，单独活动。以小型兽类和鸟类为主要食物，也捕食大型昆虫，蛙、蜥蜴等。

白尾鹞的繁殖期为 4 ~ 6 月，多营巢于苇塘中或地面上，巢主要以草茎和枯枝筑成，内铺以兽毛和鸟羽。每窝产卵 3 ~ 5 枚，卵为白色或淡绿色，带有明显肉桂色小斑。

震旦鸦雀

学　名	*Paradoxornis heudei*
中文别称	苇雀、鸦雀
分类地位	脊索动物门鸟纲雀形目鹟科鸦雀属
自然分布	在我国分布于长江下游、黑龙江等地

震旦鸦雀

震旦鸦雀体长约 18 厘米。喙为黄色，侧扁，上喙先端弯曲。额、顶、枕、颈是蓝灰色，耳羽灰白色。腰背、翼、尾呈棕褐色，背上带有黑色条纹。颏、喉、前胸为灰白色。

震旦鸦雀常栖息于沿海湿地芦苇丛、丘陵、农田、园林绿地、竹林及灌木丛，在枝叶间窜动和跳跃，并在灌丛间做短距离飞行。它们常一边飞一边鸣叫，声音清亮悦耳。其以昆虫为食，也食植物的果实和种子。

震旦鸦雀繁殖期在 5 ~ 7 月，通常营巢于芦苇丛中，尤其喜欢在沟边或堤坝附近有水的芦苇丛中营巢。雌雄亲鸟共同育雏。

（二）植物资源

珊瑚菜

珊瑚菜

学　名	*Glehnia littoralis*
中文别称	辽沙参、海沙参、莱阳参、北沙参
分类地位	被子植物门双子叶植物纲伞形目伞形科珊瑚菜属
自然分布	在我国分布于辽宁、河北、山东、江苏、浙江、福建、广东及台湾等地

珊瑚菜为国家二级重点保护野生植物，株高 5 ～ 25 厘米，主根细长，为圆柱形；表面为淡黄白色，略粗糙；全体有细纵皱纹，并有棕黄色的点状细根痕。叶柄长 5 ～ 15 厘米，基部呈宽鞘状。花为白色，花瓣 5 片，花药带紫褐色。果实近圆球形、椭球形。

珊瑚菜喜温暖湿润，主根深入沙层，抗寒，耐旱，适宜在平坦的沿海沙滩或排水良好的沙土和沙壤土中生长。

珊瑚菜味甘、微苦、性凉。其根加工后作为药用，即为药材“北沙参”。

单叶蔓荆

单叶蔓荆

学　　名	*Vitex rotundifolia*
中文别称	荆条子、京子、白布荆
分类地位	被子植物门双子叶植物纲唇形目唇形科牡荆属
自然分布	在我国分布于辽宁、河北、天津、山东、江苏、浙江、福建、广东、广西及海南等地

单叶蔓荆植株覆盖灰白色细绒毛；嫩枝为四棱形，后端渐变圆，毛渐脱落。叶卵形至椭圆形，下面密生灰白色绒毛。圆锥花序顶生，花冠为淡紫色，花萼呈钟形。果实为球形，熟后为黑色。

单叶蔓荆属典型海岸沙生植物，适合生长于半固定沙丘和沙堤；喜光，稍耐阴、耐高温、耐瘠，生长快，扩散能力强。

单叶蔓荆是沙质海岸优良的防风固沙树种和绿化树种，也是很好的蜜源植物。枝条纤维含量高、柔韧性好，可用于编制多种容器。种子可用于榨油、制皂及工业用。

海州古城

连云港徐福庙

（三）旅游资源

海州古城

历经几个朝代的修筑，现海州全城分为东西两个部分，即古城和新城。海州古城雄踞锦屏山北麓，有“淮口巨镇”“东海名郡”之称。海州钟鼓楼位于古城和新城中间，钟鼓楼雄伟壮丽，阁中供奉着魁星塑像。

秦东门城雕底座高 5 米，四面为花岗岩包廓的巨型蘑菇石；北面有李斯小篆阴刻“秦东门”3 个大字。城雕以南是一座高达 16 米、宽 26.5 米的跨街古牌坊，整个牌坊体现了明清建筑雄浑古朴、华丽辉煌的风格。

连云港徐福祠

连云港的徐福祠原为徐福庙，也称兴会寺，位于赣榆县徐福镇徐福村村头，始建于汉朝，原有三进院落、六间正殿及厢房。

连云港徐福祠建于 20 世纪 80 年代，1990 年又进行了扩建，占地面积 4 650 平方米。每年徐福戒斋沐冠、开航启碇之日，人们齐聚徐福庙前的古松树下，面东向海，拈香膜拜，深切怀念徐福，祈祷东渡亲人平安福祉，死后魂归故里。

东西连岛的海蚀礁岸

东西连岛

东西连岛，江苏第一大岛，为国家AAAA级景区，有中国最早的郡界刻石(西汉“东海郡朐”与“琅琊郡相”)和江苏省最美的两个金色沙滩——苏马湾和大沙湾。这里集海、岛、林、石、滩、渔村人文景观于一体，2016年被评为“全国十大美丽海岛”。

五 历史人文

（一）民间传说

梁山好汉与海州

海州城南白虎山下有一个大土丘。相传，宋江（1073—1124）等梁山好汉即在此遇难。当地百姓叫它“好汉茔”。

北宋末年，政治黑暗，民不聊生，百姓怨声载道，纷纷起义。一天，海州东门外网疃庄的渔民出海捕鱼，刚打满一舱鱼，鱼就被“混海龙”抢走了。恰巧宋江的船队路过这里，随即掉转船头驶向网疃庄，杀了“混海龙”，开仓济贫。后人把宋江和好汉们安营扎寨的“三道崖”叫作“好汉营”。

梁山好汉雕像

不久，宋江和好汉们告别海州的老百姓到淮南去接应农民起义的首领方腊（？—1121）。好汉们到了淮南，听说方腊已被朝廷派去的童贯杀害了，只得折回海州。海州知州张叔夜得知这一消息，招募暴徒千余人，带足硝磺火种，埋伏在小海滩的芦苇荡中。宋江丝毫没有觉察，带领众好汉仍按上次航路来到网疃庄，把船藏在芦苇荡内，进了三道崖的"好汉营"。夜深人静，好汉们个个进入梦乡时，忽听一声暗号响，芦苇荡内火光冲天，一窝暴徒蜂拥而出，把好汉们的船烧得一只不剩。与此同时，隐藏在焦、石两山的官兵把"好汉营"团团围住。

众好汉个个英勇顽强，杀得敌人尸横遍野，血染涧水，但终因孤军无援，寡不敌众，要么阵亡，要么被俘。海州老百姓含泪把阵亡的好汉们安葬在一块吉地上。打那以后，人们就把这里叫作"好汉茔"。

秦山岛景色

秦山岛的传说

在海州湾有一座小岛——秦山岛。传说这座岛上住着一位低调的海神，他是这条通往瀛洲仙境的必经之路的守护神。常常出现的神秘莫测的海市蜃楼异象传说就是这位海神的“杰作”。

西王母常常和东华帝君、瀛洲九老、蓬莱三星来这里谈论阴阳造化、世间祸福之理。西王母还在岛上建了一座通天塔，作为神仙的下榻之所。秦山岛常常仙气缭绕，灵气非凡。传说，吃了这里产的鱼虾可以延年益寿。

（二）历史遗迹

将军崖岩画

将军崖岩画位于锦屏山马耳峰将军崖，凿刻在长约 22 米、宽约 15 米的混合花岗岩构成的覆体状的山坡上。岩画分布为三组，主要内容有人面、农作物、兽面、星象图等，均为磨刻和敲凿而成，线条粗率劲直，风格古拙原始，但也不乏生动的形象。

将军崖岩画

经国家文物局鉴定，这是我国迄今为止发现的最古老的原始社会岩画之一。

将军崖岩画被考古学家誉为“东方天书”，对我国历史学、考古学、天文学、民俗学、艺术史的研究都具有极其重要的价值。1988 年，将军崖岩画被列为全国重点文物保护单位。

孔望山摩崖造像

孔望山摩崖造像位于锦屏山的东北，新浦以南 5 里，依山石的自然形势凿成。画面东西长 17 米，高 8 米。105 尊人像大小不一，姿态各异；最大的高 1.54 米，最小的仅 10 厘米；有全身像、半身像、头像、坐像和卧像。

孔望山摩崖造像景点

孔望山摩崖造像

1988年，孔望山摩崖造像被列为全国重点文物保护单位。

（三）民间艺术

海州风筝

海州风筝种类繁多，大致可归纳为以下几类：根据结构分类，有硬翅、软翅、串式、桶式、板子风筝；根据形象分类，有动物、人物和物品风筝；根据用途分类，有装饰、娱乐玩具、科研广告风筝；根据尺寸分类，有超大、大、中、小和微型风筝。

放风筝

六 保护区管理

（一）管理机构

重新整合成立副县级财政全额拨款事业单位“连云港市海域使用保护动态管理中心”，增挂“连云港市海州湾海湾生态与自然遗迹海洋特别保护区管理处”牌子。

（二）管理制度

出台了《连云港市海州湾海湾生态与自然遗迹海洋特别保护区管理实施意见》《海域使用动态监视监测管理暂行办法》《海域使用权属管理暂行办法》《数据资料管理及保密细则》等规范性文件。

（三）基础设施

建设了机房、监控室等办公场所，海上管理平台，卫星数据接收点，无人机基地；建成了远程视频监控系统，基础地理信息数据库；进行了海洋公园监管与监测能力建设。

（四）调查监测

海洋公园开展了海洋环境常规监测、生态环境与渔业资源跟踪调查、海岛资源调查，建立了监测信息数据库。

（五）宣传教育

多渠道开展宣教活动：一是制作海洋公园网站；二是充分利用电视、报纸等新闻媒体开展宣传教育；三是吸收社会公益组织参与，开展体验式活动；四是加强宣教基础设施建设；五是加强国际交流与合作。

江苏小洋口国家级海洋公园

JIANGSU XIAOYANGKOU GUOJIAJI HAIYANG GONGYUAN

保护区名片

地理位置	位于江苏省南通市如东县内洋口镇近岸滩涂湿地生态系统
地理坐标	32° 03′ 38.45″ N ~ 32° 38′ 38.55″ N，120° 06′ 35.73″ E ~ 121° 05′ 24.80″ E
级别	国家级
批建时间	2012 年 12 月
面积	47.01 平方千米
保护对象	滩涂湿地生态系统、珍稀濒危鸟类资源
关键词	鸟类迁徙的中转站、“南黄海大草原”、小洋口港
资源数据	海洋公园生物资源极其丰富，是众多鸟类栖息、觅食的理想场所；现已记录到 300 多种野生鸟类，其中国家一级重点保护鸟类 1 种，国家二级重点保护鸟类 26 种

保护区概况

江苏小洋口国家级海洋公园总面积 47.01 平方千米，划分为重点保护区、适度利用区以及生态与资源恢复区 3 个功能区。海洋公园是南黄海淤涨型海域典型的滩涂湿地，其东侧为小洋口国家级中心渔港，西侧为老坝港中心渔港。

该海洋公园是鸟类迁徙的中转站。春秋和初冬时节，数万只海鸟在此结群低飞、觅食，成为一道亮丽的风景。现已记录到 300 多种野生鸟类，国家一级重点保护鸟类 1 种，国家二级重点保护鸟类 26 种。据调查统计，经过该区域的水鸟数量超过 45 万只次，已达到国际重要湿地标准。勺嘴鹬是途经小洋口罕见的迁徙过境鸟。

该海洋公园被誉为“南黄海大草原”，夏秋季节被绿色的大米草所覆盖，一望无际，甚是壮观。大米草区域是沙蚕、青蛤等海洋生物的繁衍、生长地。秋季大米草成熟草籽掉落后，就成了鸟类的主要食物来源。

该海洋公园也是渔民传统的滩涂贝类、藻类养殖生产区域，主要养殖品种有文蛤、四角蛤蜊、泥螺、大竹蛏、西施舌、条斑紫菜等，一方面增加了滩涂底栖生物的种类和数量；另一方面对生物多样性的保护和鸟类觅食起到了一定的促进作用。

2013 ~ 2015 年委托南通市海洋环境监测中心对该区域开展调查监测，结果显示该区域海水符合第二类海水水质标准。由于临近河口，该区域生物资源极其丰富，是众多鸟类栖息、觅食的理想场所，生态环境良好。

功能分区图

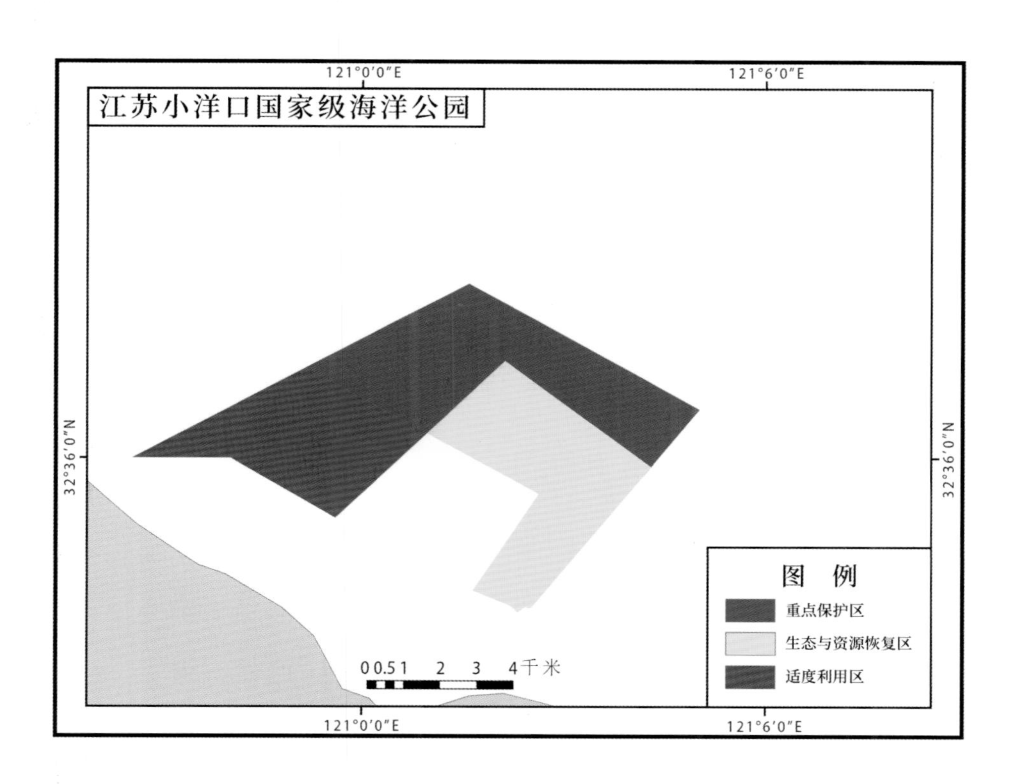

四 代表性资源

（一）动物资源

泥螺

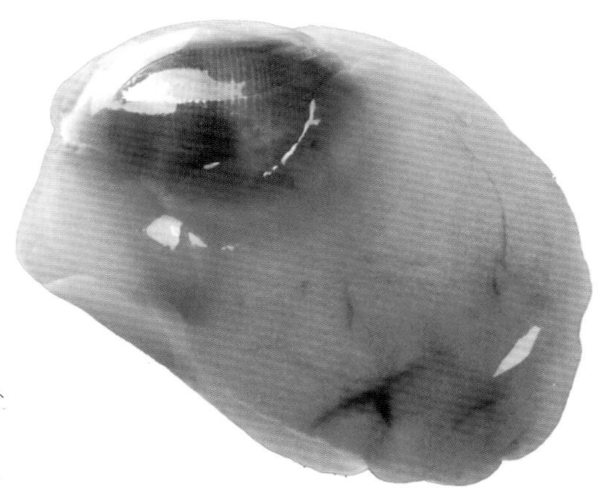
泥螺

学　　名	*Bullacta caurina*
中文别称	麦螺、梅螺、黄泥螺、吐铁、泥蛳、泥糍、麦螺蛤、泥蚂
分类地位	软体动物门腹足纲头楯目阿地螺科泥螺属
自然分布	在我国沿海潮间带广泛分布

泥螺的外壳又薄又脆，身体肥大。壳不能完全包裹软体部，后端和两侧被头盘的后叶片、外套膜侧叶及侧足的一部分所遮盖。泥螺爬行起来像蜗牛一样，非常缓慢。

泥螺大多栖息于潮间带泥沙滩，主要以底栖硅藻等为食。其为雌雄同体，异体受精。产卵多在下午和上半夜进行，整个过程持续约 1 小时。

泥螺个体较大，肉厚，味道鲜美；含有丰富的蛋白质、钙、铁以及多种维生素；还有很高的药用价值。

青蛤

青蛤

学　　名	*Cyclina sinensis*
中文别称	赤嘴仔、赤嘴蛤、环文蛤
分类地位	软体动物门双壳纲帘蛤目帘蛤科青蛤属
自然分布	在我国沿海广泛分布

青蛤两壳大小相等，近圆形，两个壳在壳背面以外韧带相联合，表面有许多生长线。壳面淡黄色、棕红色或黑紫色；壳内面为白色或淡红色，边缘呈淡紫色。壳内边缘具有细小的齿状缺刻，铰合部狭长，两壳各有 3 枚主齿。

青蛤生活于潮间带沙泥或泥沙质海底；营埋栖生活，埋栖深度与个体大小、季节及底质有关，具有较强的抗高温和耐低温能力。青蛤为滤食性贝类，靠水管伸至洞口索食，食料以硅藻、有机碎屑等为主。

青蛤繁殖期为 6 ～ 9 月，以 7 ～ 8 月为盛期。其为雌雄异体，个体越大，怀卵量越多。

青蛤是优质海产贝类之一，也是沿海群众喜爱的海鲜品；含有较高的蛋白质、脂肪和微量元素。

琥珀叶沙蚕

琥珀叶沙蚕

学　　名	*Alitta succinea*
中文别称	海虫、海蛆、海蜈蚣
分类地位	环节动物门多毛纲叶须虫目沙蚕科沙蚕属
自然分布	在我国分布于山东、辽宁及江苏等地沿海

琥珀叶沙蚕呈细长圆柱形而背腹稍扁，两侧对称，具许多体节。体前端有一明显的头部，头部发达，由口前叶和围口节两个主要部分组成。围口节为一大的环状节，肌肉质的吻可由口伸出。每个体节两侧具外伸的肉质扁平突起，即疣足。

琥珀叶沙蚕喜栖息于潮间带的沙泥中，主要摄食软体、甲壳、其他小型动物以及有机碎屑或海藻。

琥珀叶沙蚕的繁育比较复杂，受精卵要经过螺旋卵裂、担轮幼虫、后担轮幼虫、游毛幼虫、刚节幼体等过程才能发育为成体。

琥珀叶沙蚕营养丰富，可以作为鱼、虾优良的钓饵。其干制后，煮汤白如牛奶，味道鲜美；油炸后酥松香脆，为下酒佳肴。

勺嘴鹬

学　名	*Eurynorhynchus pygmeus*
中文别称	名琵嘴鹬、匙嘴鹬
分类地位	脊索动物门鸟纲鸻形目鹬科勺嘴鹬属
自然分布	在我国分布于上海、江苏、浙江、福建及广东等地

勺嘴鹬

勺嘴鹬体长 14 ~ 16 厘米。眼圈较暗，有黑色贯眼纹，虹膜呈暗褐色。嘴基部宽厚而平扁，嘴尖慢慢扩大，像汤匙一般。胸两侧点缀少许皮黄色，具有细的褐色纵纹。

勺嘴鹬主要栖息于海岸与河口地区的浅滩与泥地，或海岸附近的水体边上。主要食物为滩涂上的昆虫、双壳类、腹足类、多毛类、甲壳类和其他小型无脊椎动物等。

勺嘴鹬对繁殖地的选择非常苛刻，每窝产卵 4 枚。

（二）植物资源

大米草

大米草

学　名	*Spartina anglica*
中文别称	食人草
分类地位	被子植物门单子叶植物纲禾本目禾本科米草属
自然分布	在我国江苏、浙江等地引种

大米草是多年生直立草本植物，高可达120厘米。叶鞘大多长于节间，叶片为线形，先端渐尖，基部圆形，两面无毛。穗状花序无毛，花药黄色。

大米草适宜生长于沿海滩涂，在风浪太大的侵蚀滩面则不能扎根。大米草秆叶可饲养牲畜，作绿肥、燃料或造纸原料等。

（三）旅游资源

狼山风景区远景

狼山风景区

狼山是中国佛教“八小名山”之一，名播宇内，香火隆盛。狼山风景区有军山、剑山、狼山、马鞍山、黄泥山五山拱立，姿态各异，山水相映，秀美异常。

濠河风景区局部

濠河风景区

濠河风景区可分为东南濠河、西南濠河、北濠河三大景区。风景区内有“濠河十景”，分别是五亭邀月、绿苑探幽、仙桥绿堤、北阁波光、文峰晨霭、天宁闻钟、五园揽翠、别业双辉、启秀风荷、怡园泊舟，自然风光优美。

五 历史人文

（一）民间传说

小洋口港的故事

小洋口港

小洋口闸的北面有一个港，名叫洋口港。在洋口港的东南面原来有一座海神庙，西北有一个黄家墩。在黄家墩上有一条黄蛇。这条黄蛇每天从黄家墩蜿蜒向海神庙吃供品。天长日久，从黄家墩到海神庙的这段路就被黄蛇游成了一条从内河到黄海的水道。

一天，一条往山东装盐打春鱼的船正要驶出，一位老人对船老大说想搭乘此船去山东。船老大见是一位老者，念其可怜，便允许了。上船后，老人对船老大说：“你们今天全部休息，我来行船。”船上其他人都感到怀疑，唯有船老大想可能这位老人有神力，便点头应允了。

当晚其他人都休息了，只有老人驾驶着船行驶着。船老大不放心，便时时走出船舱来察看船行方向是否正确。次日天刚亮，老人叫醒了全船的人说到山东了。大家出来一看果真如此，都感到奇怪。老人谢了大家后走上岸，不一会儿便变成了一条黄蛇。大家这才明白，老人原是黄蛇所变。

后来，黄蛇驾船行驶的这条水道变成了港口。当地的人们为了纪念黄蛇的功劳，便命名此港为“黄蛇港”，后改名为“小洋口港”。

（二）历史古迹

如皋水绘园

如皋水绘园为明末清初文学家冒辟疆故居，是典型的徽派园林，现存雨香庵、隐玉斋、水明楼。雨香庵保存了明清的遗构，雕栏画窗，小巧玲珑。西面隐玉斋，庭前有古桧，西南有牡丹亭，亭前有一石花坛，雕石三层。东部有水明楼，建于洗钵池上。2001 年，如皋水绘园被列为全国重点文物保护单位。

如皋水绘园风景

六 保护区管理

江苏小洋口国家级海洋公园管理处经如东县政府同意设立，挂靠在江苏省如东小洋口旅游度假区，合署办公，并明确海洋公园管理处下设海洋公园管理办公室，具体负责适度开发和日常管护工作。海洋公园区域范围内的执法管理工作由中国海监如东县大队负责落实。

海洋公园管理处接受国家海洋局的监督检查与宏观管控，同时接受如东县海洋与渔业局的业务指导。管理机构人员在小洋口旅游度假区和县海洋与渔业局事业人员中统一调配。

海洋公园列入滨海旅游区域实施统一管理，科学规划、合理布局，巡护执法工作由县海监大队具体承担，每季度进行一次巡查、督查。

江苏海门蛎岈山国家级海洋公园

JIANGSU HAIMEN LIYASHAN GUOJIAJI HAIYANG GONGYUAN

一 保护区名片

地理位置	位于南通市海门区东灶港闸东北约 4 海里
地理坐标	32° 10′ N 以南，121° 33′ E 以西
级别	国家级
批建时间	2006 年 10 月
面积	15.46 平方千米
保护对象	牡蛎礁及其生境
关键词	长牡蛎、“沉浮山”、两栖生物岛
资源数据	海洋公园生物资源相当丰富，除长牡蛎外，还有沙参、海葵、黄蟹、海螺等多种海洋生物；有我国唯一的大面积的生物礁

二 保护区概况

江苏海门蛎岈山国家级海洋公园位于南通市海门区东灶港闸东北约 4 海里，范围西至东灶港 2 万吨级通用码头栈桥、北至小庙洪水道、南至海堤、东至海门市和启东市的海域分界线，总面积 15.46

长牡蛎

平方千米，包括 3 个功能区：重点保护区面积 1.69 平方千米、生态与资源恢复区面积 6.44 平方千米、适度利用区面积 7.33 平方千米。

蛎岈山又称蛎岈堆，地处南黄海沿岸，距今已有 1 700 余年历史，因盛产牡蛎而闻名。它似山非山、似岛非岛，整体呈东西走向，是由许多牡蛎壳经若干年而形成的贝壳礁体，表面又布满着活体牡蛎。蛎岈山是我国唯一的大面积的生物礁。

牡蛎礁

海门蛎岈山的神秘之处在于“入水为礁，出水为山”，被当地人称为“沉浮山”。蛎岈山带有活体的牡蛎礁有 3 种类型：一是环形礁体，礁体的面积为 250 ～ 1 000 平方米，比周边的潮滩高出 1 ～ 2 米，而且礁面的起伏比较大；二是凸起的孤立礁体，礁体的面积为 25 ～ 250 平方米，比周边的潮滩高 0.2 ～ 0.5 米；三是互相平行的带状礁体，延伸方向与滨外水道大致平行，其间潮滩被以破碎牡蛎骸为主的贝壳残体和贝壳砂所充满。

蛎岈山水生生物资源丰富，除了自然产量达 1 000 吨左右的牡蛎外，还有沙参、海葵、黄蟹、海螺等多种海洋生物。

牡蛎礁的保护还存在一定的威胁，特别是泥沙沉积对蛎岈山牡蛎礁的影响。随着沿海开发战略的实施，牡蛎礁周边海域开展了大规模的滩涂围垦工程，这些工程的实施改变了小庙洪水域的水文动力条件，进而改变了潮间带区的沉积地貌状况，加快了泥沙沉积速率。蛎岈山潮间带中间区域淤积速率高于两侧，尤其是两侧区域受水流影响，侵蚀较为严重，而中间区域沉积物主要为粉砂质，对中间区域的自然礁体覆盖较为严重。

三 功能分区图

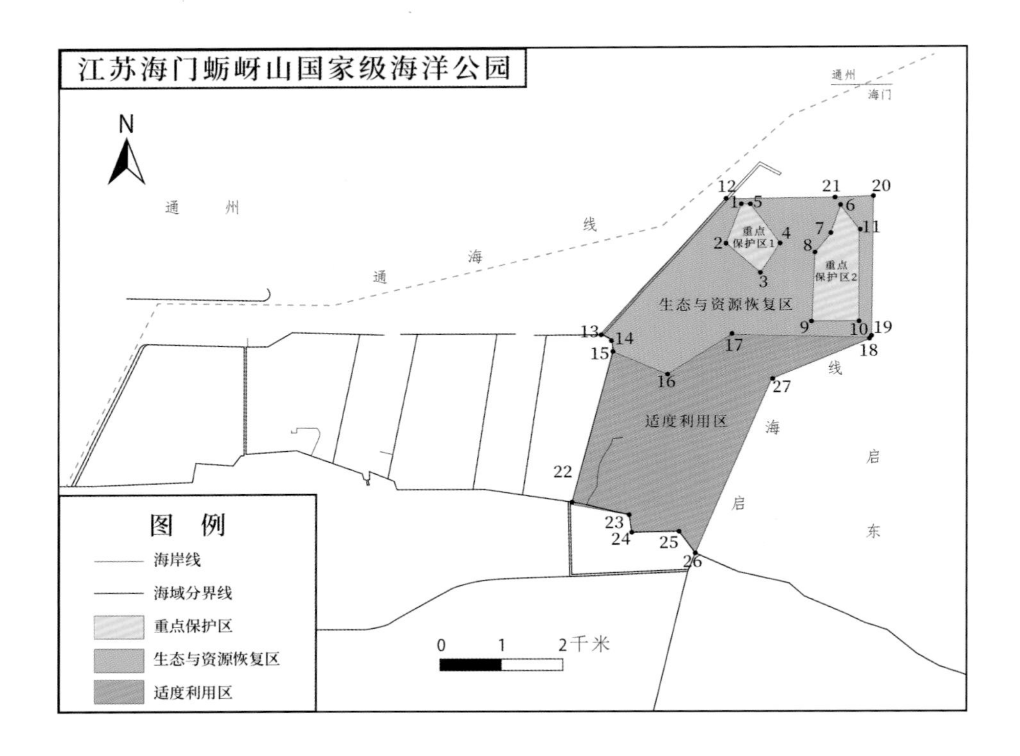

代表性资源

（一）动物资源

长牡蛎

长牡蛎

学　　名	*Ostrea gigas*
中文别称	蚝、海蛎子
分类地位	软体动物门双壳纲牡蛎科白牡蛎属
自然分布	在我国北起鸭绿江，南至海南岛沿海均有分布

长牡蛎具有两个壳，以韧带和闭壳肌相连。左壳又称下壳，固着在岩礁、竹、木、贝壳等物体上；右壳亦称上壳，比左壳小。长牡蛎外套膜左右各一片，以半透明的肌肉组成。外套膜的前缘彼此相连；外套膜的边缘部分肌肉层较厚，能够伸长和收缩，起着调节水流的作用。长牡蛎通过过滤取食，以海洋中的微型藻类和有机碎屑为主要食物。

长牡蛎 1 龄性成熟。繁殖方式为卵生型，即精子和卵子从生殖孔排出体外，在水中受精孵化。幼体在海水中渡过浮游阶段，固着变态成成体。

长牡蛎含有丰富的蛋白质、脂肪、肝醣、多种维生素、灰分及其他物质，素有“海中牛奶”之美称。

日本对虾

日本对虾

学　　名	*Penaeus japonicus*
中文别称	竹节虾、斑节虾、日本囊对虾
分类地位	节肢动物门软甲纲十足目对虾科对虾属
自然分布	在我国分布于南黄海、东海及南海海域

日本对虾体表具有鲜艳的暗棕色和土黄色相间的横斑纹；附肢黄色，尾肢末端为亮蓝色，缘毛红色。额角侧沟长，伸到头胸甲的后缘附近；额角的后脊伸到头胸甲的后缘，有中央沟。

日本对虾喜欢栖息于砂、泥沙底质海域，以摄食底栖生物为主，兼食底层浮游生物及游泳动物。

日本对虾性成熟较早，雌虾性腺发育至一定程度便开始有产卵行为，产卵繁殖期较长，产卵量因个体大小及产卵时卵巢的成熟度而异。产卵后的亲虾部分死亡，尚有部分留下，能继续生长。日本对虾的变态、生长，总是伴随着蜕壳而进行的。每蜕壳一次，体长、体重均有一次飞跃增加，其一生中要经过数十次蜕壳。

日本对虾个体大，肉味鲜美，易消化，含有丰富的钾、碘、镁、磷等矿物质及维生素 A、氨茶碱等成分。

（二）植物资源

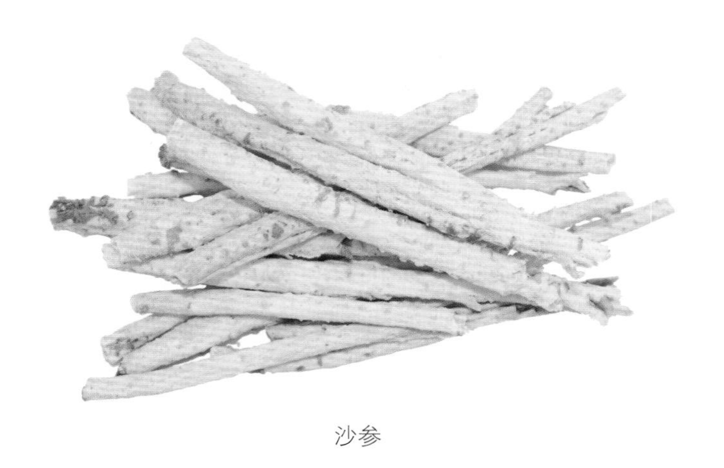

沙参

沙参

学　　名	*Adenophora stricta*
中文别称	南沙参、泡参、泡沙参、白参
分类地位	被子植物门双子叶植物纲桔梗目桔梗科沙参属
自然分布	在我国分布于河北、山东、江苏、安徽、浙江、江西及广东等地

沙参为多年生草本植物，植株直立而不分枝。茎生叶无柄，或仅下部的叶有极短而带翅的柄。叶片椭圆形、卵圆形或狭卵圆形，顶端急尖或渐尖，边缘有不整齐的锯齿，两面疏生短毛或长硬毛。花冠为蓝色或紫色，花梗短，花药细长。

沙参多生长于岩石缝内或低山草丛中。耐寒，喜疏松、肥沃、稍湿润的土壤。

沙参常以根入药，无毒，甘而微苦。花色淡雅，适用于各种自然式布置、花境等。

海门江海风情园

（三）旅游资源

海门江海风情园

江海风情园位于南通市海门区南郊沿江风光带上。它以农村田园、湖光山色和古朴民居为载体，融江海风情和民俗文化为一体，是一个自然生态园、人文生态园，形象地展示海门过去、现在和未来的农业文明。

海门江海风情园

五 历史人文

历史名人

卞之琳

卞之琳

卞之琳（1910—2000），南通市海门区汤家镇人，现当代诗人、文学评论家、翻译家。1956年6月，卞之琳加入中国共产党。抗日战争期间在各地任教，曾是徐志摩和胡适的学生，为中国的文化事业做了很大贡献。著有诗集《三秋草》《鱼目集》《慰劳信集》等，被公认为新文化运动中新月派和现代派的代表诗人。

2000年1月，卞之琳被中国诗歌协会授予“中国诗人奖终身成就奖”。2000年12月3日盎然长逝。

保护区管理

（一）管理机构

2009年，南通市建立江苏海门蛎岈山牡蛎礁海洋特别保护区管理处作为保护区的管理机构，管理处及下属海监大队在岗人员共5名。

（二）能力建设

建有蛎岈山北侧监管平台，避风港监管基地，提供了船舶应急救助、避风的场所；为提高巡护执法能力，购置了照相机、GPS 定位仪、执法记录仪等设备；为应对周边海洋工程建设可能对蛎岈山造成环境污染，购置了多参数水质测试仪、采水器、电子天平等设备，设置了应急检测实验室。

（三）宣传教育

建立了海洋公园管理处网站；制作了海洋科普宣传牌、宣传册；在每年的“世界海洋日”，宣传海洋公园及海洋环境保护等活动。为提高蛎岈山科普宣传力度，管理处委托中国水产科学研究院东海水产研究所实施了蛎岈山海洋生物标本制作项目。

（四）巡查管护

开展了巡查管护工作，巡查主要内容为：开展海洋公园宣传教育工作；管护海洋公园界桩、标志、宣传牌等设施设备；调查、记录牡蛎和其他海洋生物的生长变化情况及其生存环境；调查、记录海洋公园周边企事业单位和群众的生产生活情况，听取社会各界对海洋公园管理工作的意见建议；排查、制止企事业单位和居民在海洋公园内违规施工、人工养殖、设置渔网具、采劈牡蛎和非法排放等破坏资源、污染环境的行为。

（五）科研调查

委托中国水产科学研究院东海水产研究所实施了“江苏海门蛎岈山国家级海洋公园牡蛎礁生态现状调查”项目。主要成果如下：对蛎岈山大小礁体进行了无人机航拍，绘制了礁体地形图；调查了蛎岈山牡蛎礁体中存在的活体牡蛎的种类、密度等指标，得到泥沙沉积是牡蛎礁保护的主要胁迫因子，增加附着底物数量是牡蛎礁生态建设的重点。委托江苏省水文水资源勘测局南通分局对蛎岈山及周边海域进行水下地形及礁体测绘。测绘了蛎岈山及周边海域水下地形图，并与往年测绘数据进行比对，评价周边海洋工程对蛎岈山的影响。

海洋公园风光

浙江嵊泗马鞍列岛海洋特别保护区

ZHEJIANG SHENGSI MAANLIEDAO HAIYANG TEBIE BAOHUQU

保护区名片

地理位置	位于舟山群岛最北端的岛群，处于舟山渔场中心位置
地理坐标	30° 52′ 00″ N，122° 48′ 00″ E； 30° 36′ 56″ N，122° 53′ 12″ E； 30° 36′ 56″ N，122° 43′ 00″ E； 30° 52′ 00″ N，122° 33′ 30″ E
级别	国家级
批建时间	2005 年 6 月
面积	总面积 549 平方千米（岛陆面积 19 平方千米、海域面积 530 平方千米）
保护对象	海洋生态环境，珍稀濒危生物，以石斑鱼为主的鱼类资源及重要的苗种资源，各岛礁潮间带的厚壳贻贝、羊栖菜等贝藻类资源、苗种及其周围生态环境，无人岛岛礁资源，自然景观和历史遗迹
关键词	舟山群岛、中华鲟、嵊泗风景名胜区
资源数据	保护区有白暨豚、中华鲟等国家一级重点保护野生动物，水獭、穿山甲、玳瑁等国家二级重点保护野生动物。其他主要珍稀动物有鲸类 20 多种，鳍脚类 2 种，海牛目物种 1 种，食肉目物种 1 种；常见的有长须鲸、宽吻海豚、江豚、儒艮、海獭等。盛产带鱼、墨鱼、鳗鱼和蟹、虾、贝、藻等 500 多种海洋生物

保护区远景

二 保护区概况

浙江嵊泗马鞍列岛海洋特别保护区位于舟山群岛最北端的岛群，处于舟山渔场中心位置，保护区总面积549平方千米，其中岛陆面积19平方千米，占总面积的3.5%；海域面积530平方千米，占总面积的96.5%。保护区包括136个岛屿，其中有居民岛10个，无居民岛126个，涉及菜园、嵊山、枸杞、花鸟4个乡镇。2013年加挂国家级海洋公园牌子。保护区分为重点保护区、生态与资源恢复区和适度利用区3个功能区，涵盖了马鞍列岛所有岛礁及周围海域，包括花鸟灯塔、万亩贻贝、东海第一桥、山海奇观、东崖绝壁、嵊山渔港等主要景区。

该保护区以海洋生态环境，珍稀濒危生物，以石斑鱼为主的鱼类资源及重要的苗种资源，各岛礁潮间带的厚壳贻贝、羊栖菜等贝藻类资源、苗种及其周围生态环境，无人岛岛礁资源，自然景观和历史遗迹为主要保护对象。内有白暨豚、中华鲟等国家一级重点保护野生动物，水獭、穿山甲、玳瑁等国家二级重点保护野生动物。其他珍稀动物有鲸类20多种，鳍脚类2种，海牛目物种1种，食肉目物种1种，常见的有长须鲸、宽吻海豚、江豚、儒艮、海獭等。

根据该保护区的建区宗旨和资源环境保护现状，保护区主要分为10个功能区域：马鞍列岛海洋生态保护区、马鞍列岛无人岛岛礁资源保护区、马鞍列岛珍稀濒危生物保护区、马鞍列岛经济鱼类资源保护区、嵊泗－枸杞岛厚壳贻贝、羊栖菜种质资源保

保护区局部

护区、绿华岛 - 花鸟岛 - 壁下岛石斑鱼资源保护区、花鸟山以东 - 求子山 - 黄礁人工鱼礁增殖放流区、绿华岛 - 黄礁抗风浪深水网箱养殖区、马鞍列岛生态养殖区、马鞍列岛生态旅游风景区。

该保护区内遍布典型的海蚀地貌景观，包括大小岛屿、礁岩和高崖绝壁。国家级建筑文物花鸟灯塔、各类摩崖石刻、优良的沙滩也是马鞍列岛重要的资源。此外，花鸟乡具有原生态的海岛风光和浓郁的渔俗文化，海钓资源丰富，生态环境良好，民风淳朴，具有极高的旅游开发价值。这里海域辽阔，海洋资源种类繁多，构成了以丰富的海洋生物资源、独特的岛礁自然地貌和潮间带湿地为主体的岛群海洋生态系统，具有极大的开发研究和保护价值。

三 功能分区图

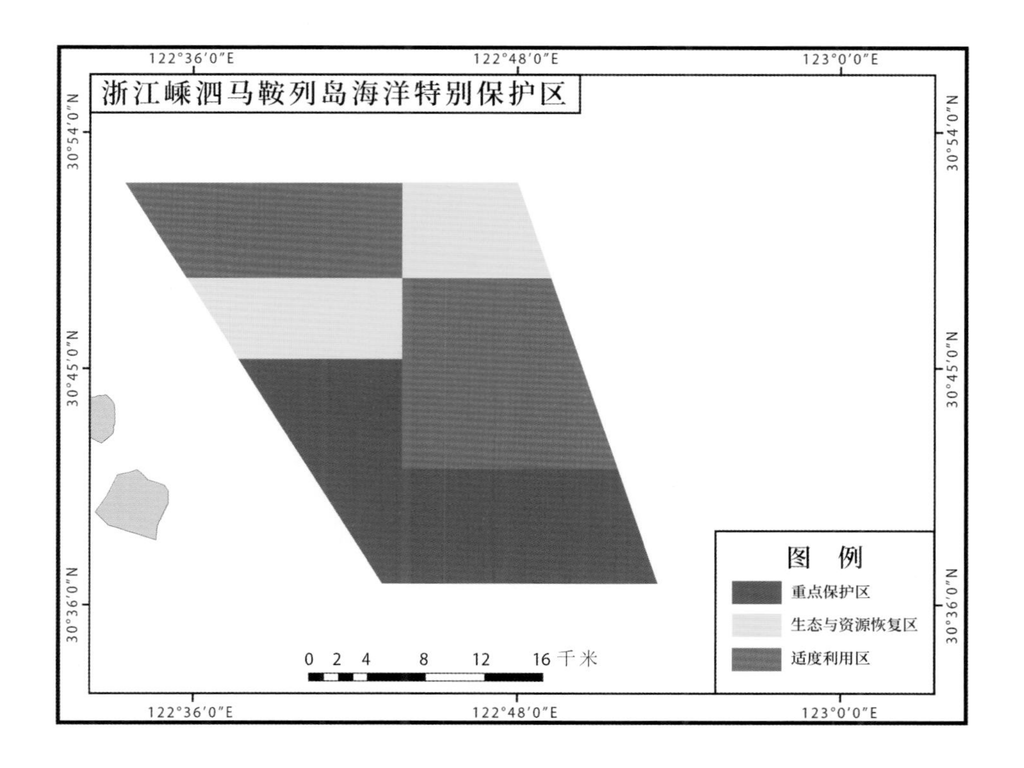

四 代表性资源

（一）动物资源

中华鲟

中华鲟

学　　名	*Acipenser sinensis*
中文别称	鲟鱼、鳇鲟、大癞子、黄鲟、着甲、腊子、覃龙、鳇鱼、鲟鲨
分类地位	脊索动物门辐鳍鱼纲鲟形目鲟科鲟属
自然分布	在我国沿海和长江、珠江流域广泛分布

中华鲟为国家一级重点保护野生动物，体长梭形，成鱼全身有 5 列骨板。头呈长三角形；吻尖长，吻部中央有吻须 2 对；鳃裂大，鳃耙稀疏。背鳍 1 个，与臀鳍相对。胸鳍发达，低位。尾鳍发达，其上有一纵行棘状鳞。体上部青灰色，侧面黄白色，腹部乳白色。各鳍灰色，带有浅色边。

中华鲟为大型溯河洄游鲟类。幼鱼索饵越冬于海洋，成鱼溯河到长江上游。于秋季产卵，怀卵量高达数百万粒，卵为沉性卵。

玳瑁

玳瑁

学　名	*Eretmochelys imbricata*
中文别称	十三鳞、瑁、文甲、瑇玳
分类地位	脊索动物门爬行纲龟鳖目海龟科玳瑁属
自然分布	在我国分布于山东、江苏、浙江、福建、台湾、广东及海南等地沿海

玳瑁为国家二级重点保护野生动物，体型较大，头顶有 2 对前额鳞。吻长，侧扁；上颚前端钩曲呈鹰嘴状。背甲棕红色，有浅黄色云斑；腹甲黄色，有褐斑。头及四肢背面盾片为黑色，盾缘色淡。尾短，前后肢各有 2 爪。

玳瑁的生活区是浅海珊瑚礁区，最主要的食物是海绵，还包括栉水母、水母、海葵、甲壳动物、软体动物、鱼类和海藻。

玳瑁每年 2 月下旬开始繁殖。产卵时离水登陆，在沙滩上挖坑产卵，依靠自然界的温度日夜孵化。卵为球形，白色，有弹性。

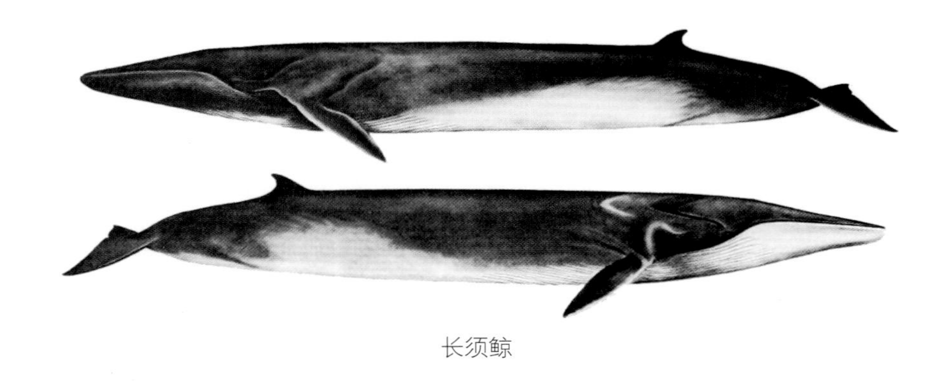

长须鲸

长须鲸

学　　名	*Balaenoptera physalus*
中文别称	脊鳍鲸、真须鲸、剃刀鲸、鲱鲸、鳍鲸
分类地位	脊索动物门哺乳纲鲸偶蹄目须鲸科须鲸属
自然分布	在我国分布于黄海北部和台湾海域

长须鲸的背鳍位于体后部，向后倾斜如镰状；腹面有褶沟 50 ~ 100 条，延伸至脐处。头部颜色左右不对称，左侧下颌为黑色，右侧下颌为白色；背部为黑色或棕灰色，腹部呈白色，头部后方背中有“V”形浅灰色带；鳍肢和尾鳍的上方为黑色，下方皆为白色。

长须鲸多成群游动，潜水时很少举起尾叶，偶做跃水。它们是游得较快的大型鲸类之一，在呼吸空气时会喷出较细长的雾柱。长须鲸多以磷虾或小型甲壳动物为食，也吃鲱鱼、带鱼等群游性鱼类和乌贼。

长须鲸每隔 2 ~ 3 年怀孕 1 次，妊娠期 11 ~ 12 个月，多于冬季分娩，通常每次产 1 仔。初生仔鲸体长 6 ~ 6.5 米，体重约 13 吨。

儒艮

儒艮

学　名	*Dugong dugon*
中文别称	海牛、人鱼、美人鱼
分类地位	脊索动物门哺乳纲海牛目儒艮科儒艮属
自然分布	在我国分布于浙江、广西、海南、广东及台湾等地沿海

儒艮为国家一级重点保护野生动物，头部较小，略呈圆形；上唇略呈马蹄形；嘴弯向腹面，前端扁平，称为吻盘。鳍肢短，尾叶水平，略呈三角形，后缘中央有1个缺刻。成体背面为灰白色，腹面稍浅。头部和背部的皮肤坚硬无比，非常厚实，骨骼也十分致密。儒艮的气孔长在头部顶端。其生性害羞，行动比较迟缓。

儒艮常栖息于沿岸海草丛生的浅海，很少游向外海。最喜欢的食物是海草，如喜盐草、丝粉藻、海菖蒲、大叶藻和二药藻等，对于小型植物它们会连根吞食，较大型的植物则会从根部以上切断。

雌儒艮孕期 13 ~ 15 个月，每次只产 1 仔。出生后的小儒艮趴在母儒艮的背上，母儒艮将它托出水面进行呼吸，然后再慢慢放到水中。

赤点石斑鱼

赤点石斑鱼

学　　名	*Epinephelus akaara*
中文别称	红斑
分类地位	脊索动物门辐鳍鱼纲鲈形目鮨科石斑鱼属
自然分布	在我国主要分布于东海、南海海域

赤点石斑鱼侧面呈长椭圆形，侧扁。尾鳍后缘为圆弧形；身体覆盖小栉鳞；胸鳍宽大。体色呈棕褐色，头部、体侧及奇鳍散布着橙红色斑点，背鳍基底有一大块黑斑。

赤点石斑鱼为暖温性底层鱼类，多生活于浅海岩礁区。它们为肉食性鱼类，主要摄食鱼、虾、蟹、海胆、头足类、海蛇尾和藤壶等。

赤点石斑鱼的产卵期在 4 ～ 9 月，为多次产卵型。雌性的最小性成熟全长为 25 ～ 26 厘米，最小性成熟年龄约为 3 龄。受精卵呈浮性，具油球一个，居卵正中间。受精卵在 27 小时后孵化成仔鱼。

（二）旅游资源

嵊泗风景名胜区

嵊泗风景名胜区位于舟山群岛北部，属嵊泗县，由钱塘江与长江入海口会合处的数以百计的岛屿群组成。嵊泗列岛是天台山脉东北延伸入海的外露部分，千百年来经风化浪蚀，岛屿峰峦各异，礁岸嶙峋，具有滩多、礁美、石奇的特色。景观较集中的有泗礁、黄龙、枸杞、嵊山、花鸟等岛。

嵊泗风景名胜区风景

嵊泗风景名胜区夏季凉爽，海产品丰富，适于避暑度假。1988 年，被国务院列为国家重点风景名胜区。

五 历史人文

民间艺术

舟山锣鼓

旧时，渔船上没有通信设备，就以敲锣击鼓来传递信息。后在同外来民间文化艺术的交流中，通过敲锣击鼓来传递信息的形式逐渐得到丰富和发展，形成了独具舟山特色的锣鼓吹打乐。

舟山锣鼓有传统和新编曲目 20 余首，有的被编入《中国民族民间器乐曲集成》，有的被灌制成唱片。这些传统曲目既有江南丝竹、浙江音乐的元素，又融合了舟山的

舟山锣鼓表演

地域特色，具有明显的本土与外来乐曲相结合的特点。

舟山锣鼓既是舟山宝贵的海洋民间艺术形式，也是我国民族民间音乐的艺术瑰宝。2006 年，舟山锣鼓以民间音乐类别，入选第一批国家级非物质文化遗产名录。

六 保护区管理

（一）管理机构

2005 年 10 月，浙江嵊泗马鞍列岛海洋特别保护区管理局正式挂牌成立。具体机构设置见下图。

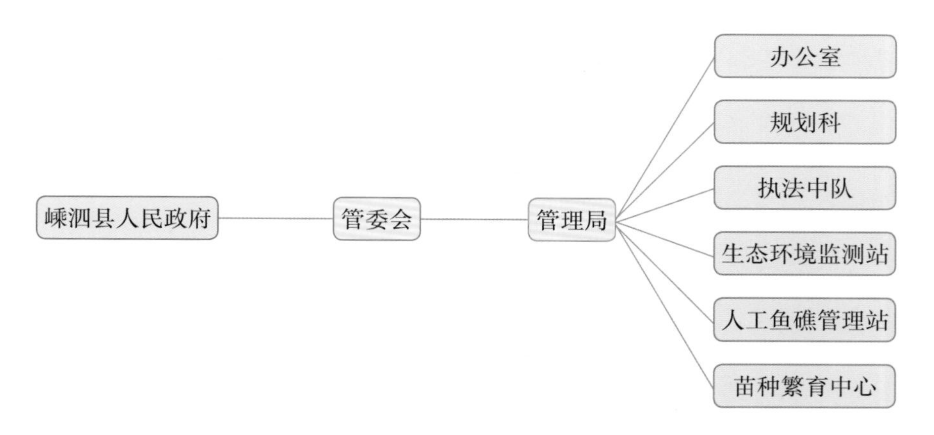

浙江嵊泗马鞍列岛海洋特别保护区管理机构设置

（二）管理制度

嵊泗县政府和海洋管理部门已制定了《浙江嵊泗马鞍列岛海洋特别保护区岛礁资源管理暂行办法》《嵊泗县马鞍列岛现代渔业综合区建设规划》《嵊泗县海钓管理暂行办法（试行）》等管理办法。浙江嵊泗马鞍列岛海洋特别保护区管理局结合实情出台了《嵊泗县马鞍列岛海洋特别保护区岛礁资源管理暂行办法实施细则》及保护区管理制度、海洋执法月巡查制度、海洋联合执法制度、涉海工程前、中、后全程监管制度。

（三）具体工作

嵊泗县高度重视岛礁渔业资源的保护与修复工作，通过封礁育贝，开展海洋资源的自然修复，加大保护区巡查力度，遏制非法采掘岛礁资源的行为。设置了全天候远程数字视频监控系统，在保护区内的有居民海岛及领海基点（海礁）设置 9 个监控点，基本完成保护区重点监控区域的全覆盖。加大海洋生态修复力度，促进海洋生态的人工修复，大力实施人工鱼礁建设。自 2005 年起持续开展海洋资源增殖放流。深入推进浙江渔场修复振兴暨“一打三整治”专项行动。

嵊泗马鞍列岛远景

（四）宣传教育

为加强保护区的宣传，保护区管理局通过设立宣传教育基地，设置宣传牌、界碑等形式，提高保护区的公众知晓度。

浙江普陀中街山列岛国家级海洋特别保护区

ZHEJIANG PUTUO ZHONGJIESHAN LIEDAO GUOJIAJI HAIYANG TEBIE BAOHUQU

保护区名片

地理位置	位于杭州湾外缘，横贯整个舟山渔场，呈东西向狭长形排列；以北为岱衢洋，以南为黄大洋，西靠大长涂山，西隔小板门与岱山东部相邻，东至两兄弟屿
地理坐标	30° 06′ 58″ N ~ 30° 13′ 36″ N，122° 37′ 18″ E ~ 122° 48′ 36″ E
级别	国家级
批建时间	2006 年 5 月
面积	218.40 平方千米
保护对象	贝藻类资源，鸟类资源，岛礁资源，中华豚、白暨豚等国家一级重点保护野生动物，水獭、穿山甲等国家二级重点保护野生动物，黑鲷、褐鲳鲉、石斑鱼等岩礁性鱼类资源和种苗资源，旅游景观，海洋生态系统等
关键词	黄兴岛、普陀山、“海天佛国”
资源数据	保护区内有游泳生物 369 种；海栖哺乳动物类中，鲸类 20 多种、鳍脚类 2 种、海牛目物种 1 种、食肉目物种 1 种；底栖海藻 94 种，软体动物 96 种

保护区概况

浙江普陀中街山列岛国家级海洋特别保护区于 2006 年 5 月经国家海洋局批准建立。于 2016 年 12 月加挂国家级海洋公园牌子。保护区总面积 218.40 平方千米，位于杭州湾外缘，横贯整个舟山渔场。

依据各功能区不同的保护和开发要求，该保护区分为重点保护区、生态与资源恢复区和适用利用区，重点保护海洋生态环境、海域中的渔业资源以及大黄鱼、小黄鱼、带鱼、曼氏无针乌贼的产卵场、索饵场和洄游通道。

重点保护区包括黄兴岛西北侧岛礁资源和岩礁性鱼类资源保护区，石柱山鸟类资源保护区，叶子山鸟类、贝藻类资源保护区；重点保护黄兴岛近海的石斑鱼、黑鲷、褐菖鲉，潮间带的贝藻类资源，叶子山岛礁潮间带的鸟类资源、贝藻类资源以及石柱山上的褐翅燕鸥、分红燕鸥和黑枕燕鸥等鸟类资源。区内严格禁止一切与人类开发有关的活动，实行封闭式最高级别的保护，以防止人类的开发活动破坏海洋环境和海洋资源。

普陀山海滨

生态与资源恢复区包括西福山贝藻类资源保护区和中街山列岛无人岛岛礁资源保护区；重点保护岛礁潮间带的贝藻类海洋资源以及当地40个无人海岛的岛礁资源。区内实行综合管理，在封闭式保护阶段，严格限制一切未经许可的人类开采活动。

适度利用区主要由中街山列岛生态旅游风景区、中街山列岛生态养殖区和青浜岛西侧海域的人工鱼礁增殖流放区构成。中街山列岛生态旅游风景区的主体是东福山、庙子湖、黄兴岛和青浜岛，有休闲渔业区、极地风光旅游区以及奇特生态海钓旅游区，奇石、险崖、美礁、佳滩和瀚海等海岛风光独特，具有得天独厚的旅游资源。中街山列岛生态养殖区主要保护西福山、青浜岛、黄兴岛等岛礁的鱼虾和贝藻类海珍品。该地区饵料丰富、海浪流速平缓、水质优良、海洋养殖业历史悠久，在有计划性地进行海洋资源开采养护的同时，能够提高当地海珍产品的附加值，从而带动当地经济的高效发展。青浜岛西侧海域的人工鱼礁增殖流放区，主要保护对象为黑鲷、石斑鱼等岩礁性生活的增殖流放鱼类品种。该区域远离大陆，海洋生态较为良好，天然岛礁丰富，具备建设人工鱼礁的自然条件。

该保护区内海岛众多，海岸线长，水道由岛屿环抱、口多腹大、水深浪小、少淤不冻，具有建设港口的优越条件，拥有各类码头泊位超过248个，其中千吨级以上泊位14个，主要港口有沈家门港区、台门港、虾峙港、桃花港、东极港等。区内旅游资源丰富，集岛屿、海洋和佛教文化于一体，自然景观和人文景观独特，主要分布在普陀山、朱家尖、沈家门、桃花岛、六横岛和东极等岛屿。发展重点在于海上游艇、国际垂钓等休闲特色旅游，国际沙雕节、海洋博览会、海鲜美食文化节、沈家门渔港民间民俗大会、金庸文化节等重大节庆活动的举办，以培育海洋文化旅游精品。

此外，普陀海域还拥有极为丰富的风能、太阳能、潮汐能、潮流能、波浪能资源。

功能分区图

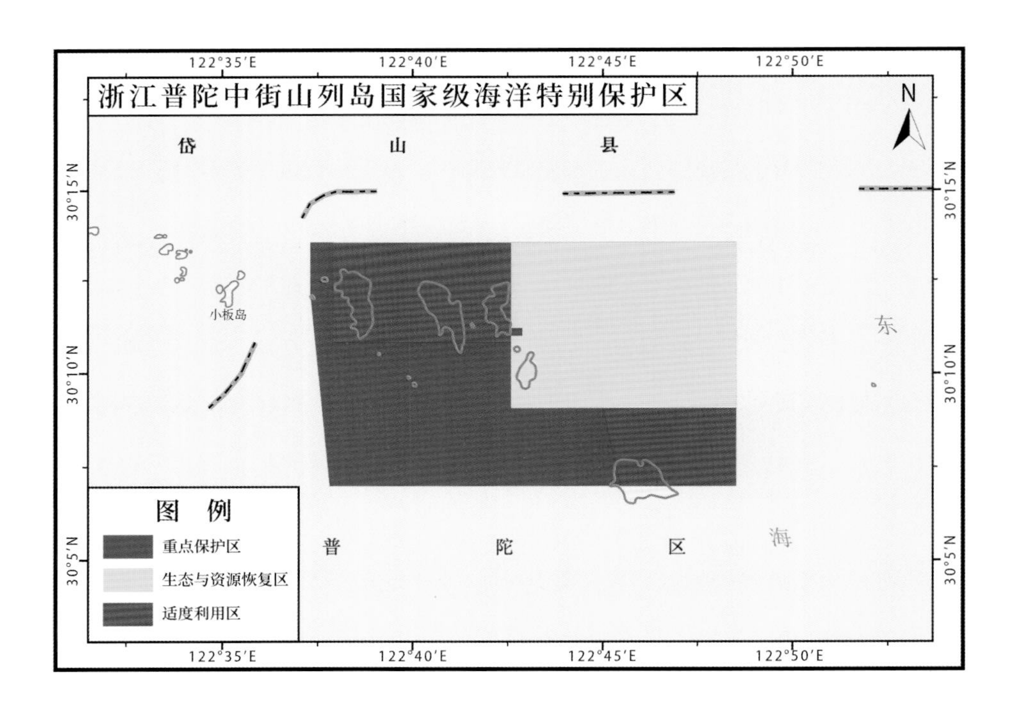

代表性资源

（一）动物资源

白暨豚

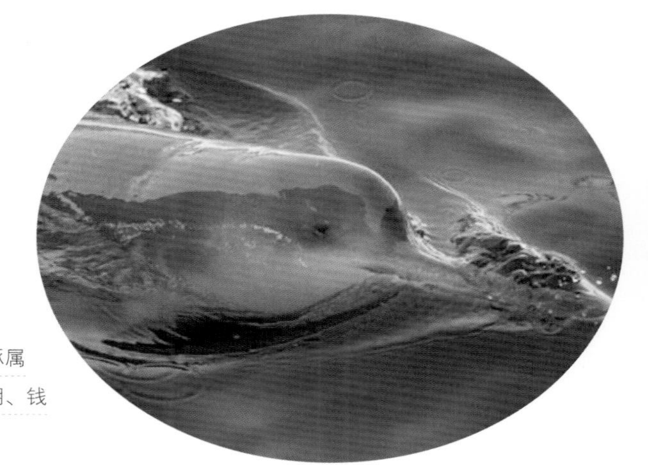
白暨豚

学　　名	*Lipotes vexillifer*
中文别称	白旗、白鳍、中华江豚、扬子江豚
分类地位	脊索动物门哺乳纲鲸偶蹄目白暨豚科白暨豚属
自然分布	在我国分布于长江中下游及鄱阳湖、洞庭湖、钱塘江中

白暨豚是世界上仅存的四种淡水豚中所剩数量最少的一种，为国家一级重点保护野生动物。白暨豚身体呈纺锤形，全身皮肤裸露无毛。吻部狭长，前端略上翘。眼极小，在口角后上方。背鳍为三角形；鳍肢较宽，末端钝圆；尾鳍呈新月形。喷气孔纵长，位于头顶左侧。成年白暨豚一般背面呈浅青灰色，腹面呈白色；新生幼体体色略深。

白暨豚多在有沙洲分布的江段发现，很少靠近岸边和船只，为疏人性豚类。其有集群习性，尤其在交配季节，集群行为更加明显。白暨豚为用肺呼吸的水生哺乳动物；属肉食性动物，主要吞食鲤、鲢、草鱼等淡水鱼类。其主要靠自身发出的超声波发现食物。

白暨豚雌性 6 龄、雄性 4 龄可达性成熟，两年繁殖一次。刚出生的幼仔靠吸食母豚乳汁长大，并随群活动。

水獭

水獭

学　　名	*Lutra lutra*
中文别称	獭猫、鱼猫、水狗、水毛子、水猴
分类地位	脊椎动物门哺乳纲食肉目鼬科水獭属
自然分布	在亚洲、欧洲、非洲都有分布

水獭身体细长，成体体长 560 ~ 800 毫米。头部宽而稍扁，额部较长；眼睛稍突而圆；吻部较短；耳朵小，外缘为圆弧形。四肢短，趾（指）间有蹼。体毛较长而致密，背部均为咖啡色，有油亮光泽；腹面毛色较淡。鼻孔和耳道生有小圆瓣，潜水时能关闭，防水入侵。

水獭主要生活于河流和湖泊一带，尤其是两岸林木繁茂的溪河地带，多穴居。白天在洞中休息，夜间出来活动，除了交配期外，平时都单独生活。水獭水性娴熟，善于游泳和潜水，听觉、视觉、嗅觉都很敏锐。它们的主要食物是鱼类，也捕捉小鸟、青蛙、虾、蟹等。

水獭一年四季都能交配，主要在春季和夏季。交配在水中进行，但在巢穴的草上产仔。每胎产 1 ~ 4 仔，初生的幼仔有黑而软的稀疏长毛，双眼紧闭。

穿山甲

穿山甲

学　名	*Manis pentadactyla*
中文别称	鲮鲤、陵鲤、龙鲤、石鲮鱼
分类地位	脊索动物门哺乳纲鳞甲目穿山甲科穿山甲属
自然分布	在我国主要分布于南部

穿山甲为国家一级重点保护野生动物，头很小，吻长而细，口位于吻末端，鼻孔在口的上方，舌细长。躯体呈圆筒状，尾部很扁。四肢短，各有五趾，趾端的爪发达。头颈部的背侧、躯体的背侧和两侧、四肢的前侧和外侧以及扁尾的上下面，均覆以覆瓦状排列的角质鳞；鳞片之间有少许刚毛状的毛，呈黑褐色。幼时毛多而长；成长后，毛被摩擦而逐渐脱落。

穿山甲多穴居在山麓、丘陵或平野的杂树林中；白天在穴中，晚上出来觅食。它们主要摄食白蚁，也食蚁的幼虫、蜜蜂、胡蜂或其他昆虫的幼虫。

穿山甲常用后足站立，步行时，后足则全部履地，用爪背在地上行走。因尾部有相当的缠绕性，借助尾部的帮助，穿山甲还能爬树。当处于睡眠或受到惊吓时，它们会将头曲于腹侧，藏在两前肢之间，同时从后方把尾部掩盖着头部，收缩四肢，整个身体变成球状。蜷成球状的穿山甲不能被轻易解开，露在外面的鳞片可以保护身体。

穿山甲的交尾期主要在 4 ～ 5 月，分娩期一般是 12 月到翌年 1 月；每胎产 1 仔或 2 仔。产后，雌兽常载幼仔于背上，一直到它能独立行动时为止。

（二）旅游资源

普陀山风景名胜区

普陀山风景名胜区位于舟山群岛的东南部，面积 10 余平方千米，是首批国家重点风景名胜区，为国内外观音菩萨最大的供奉地。它以优美的山海奇观和悠久的佛教文化蜚声海内外，被誉为“海天佛国”。

普陀山风景名胜区包括普陀山岛、洛伽山岛、豁沙山岛、朱家尖岛和桃花岛等，总面积 41.95 平方千米。景区内多奇礁、怪石、幽洞、危岩。海边金沙绵亘，白浪环绕；峰峦茂林修竹，云雾缭绕；佛地梵刹庄严，环境清净；冬无严寒，夏少酷暑，气候温和宜人。

普陀山风景名胜区风景

“海天佛国”普陀山

普陀山观音菩萨雕像

普陀桃花岛

桃花岛是浙江省舟山市普陀区下辖的岛屿，面积 41.74 平方千米，位于东海。岛上有兔耳岭、花果山桃园美景，有“世外仙境”之称。桃花岛古称“白云山”，相传因秦时安期生醉后墨洒山石，石成桃花纹而得名，是金庸武侠小说《射雕英雄传》中描述的神秘岛屿“桃花岛”的原型。岛上的旅游资源丰富多样，品位较高，集海、山、石、礁、岩、洞、寺、庙、庵、花、林、鸟、军事遗迹、历史纪念地、摩崖石刻和神话传说于一体。

朱家尖风景名胜区

朱家尖风景名胜区位于浙江省舟山群岛东南部，是舟山群岛核心旅游区“普陀金三角”的重要组成部分。岛上金沙连绵，奇石峻拔，洞礁错置，森林广布，空气清新。渔村风情与现代渔业景观兼而有之，物产丰富，水产众多。

朱家尖风景名胜区风景

青浜岛一隅

五 历史人文

（一）历史故事

“里斯本丸”沉船大营救

1942年10月2日，日军押解英军战俘的轮船“里斯本丸”行至中国舟山东极外海时，被美国潜艇发射的鱼雷炸沉，数千英军战俘跳入海里逃生。东极渔民见此情景，自发摇着小舢板，冒着生命危险，一次次地驶向大海把战俘们从海里救上船，展开了一场“东极大营救”。以此历史事件为蓝本拍摄的电影《东极拯救》被列入国家外宣影片，向世界人民宣扬着国际人道主义精神。

（二）民间传说

“财伯公”的传说

“青浜庙子湖，菩萨穿龙裤；黄兴东福山，菩萨穿背单。”这首歌谣，已在中街山渔岛流传了二三百年。歌谣述说了一个悲壮的传说：福建渔民陈财伯因所在渔船被风暴打翻沉没，独自漂泊至庙子湖岛。每逢雨雾风暴天，他总是在岛上点燃篝火为渔船导航。他死后渔民们在岛上建庙纪念，让他的泥塑像穿上渔民常穿的龙裤和背单，并称他为“财伯公”。

财伯公雕像

东福山白蛇传说

按照民间说法，白蛇是与观音菩萨在普陀山斗法失败后，迁居到东福山的。普陀山本是白蛇修炼之地。观音菩萨欲借普陀山开辟道场，白蛇不依，双方斗法。菩萨道：“你若能现原形绕山三圈，我就不向你借山。”白蛇慨然道：“若不能，此山借给你！”白蛇慢慢地变粗变长，开始围山。观音也运用神通，把普陀山慢慢放大。白蛇围，菩萨放，蛇首和蛇尾总是连接不起来。白蛇斗败，只好把普陀山让给观音，自己到东福山继续修炼。

因此，东福山人是从不在山上放火的，他们觉得这样做会将蛇烧死。

东福山远景

（三）风土人情

沙雕艺术节

沙雕

南沙景点是朱家尖景区的精华所在，也是“十里金沙”奇观的中心。岛东南沿岸依次排列的东沙、南沙、千沙、里沙和青沙五大沙滩，绵延近5 000米，滩面金黄开阔，景色蔚为壮观。

1999年金秋季节，首届中国舟山国际沙雕节在朱家尖南沙举行。此后每年的9月至10月，国内外沙雕艺术家们汇聚一堂，一展身手，用心雕琢精美的沙雕作品。

六 保护区管理

（一）管理机构

为了更好地管理和建设海洋特别保护区，顺利地开展各项保护工作，充分发挥保护区的作用，舟山市普陀区特成立了浙江普陀中街山列岛国家级海洋特别保护区管理委员会，下设管理局，挂靠普陀区海洋与渔业局。管理局独立行使海洋特别保护区的管理职能。

浙江普陀中街山列岛国家级海洋特别保护区管理局下设5个主要职能部门：办公室、规划科、执法中队、生态环境监测站、苗种繁育中心。

（二）机构职能

浙江普陀中街山列岛国家级海洋特别保护区管理局以自然资源的可持续利用为目

的，围绕社会、经济、资源和环境良性循环而进行综合协调管理。其主要职能是对保护区进行保护、建设、规划和管理，在业务上接受省、市海洋管理部门的指导。管理局定期将保护区管理工作向管委会汇报，坚持可持续性发展的开发保护原则，协调开展保护区的开发建设、规划管理和恢复保护等各项工作，主要负责生态养殖、生态环境保护、生态旅游景区和海洋基础调研等各项工程的建设。涉及保护区的开发活动，须经保护区管理局审核。

保护区局部

象山韭山列岛国家级自然保护区

XIANGSHAN JIUSHAN LIEDAO GUOJIAJI ZIRAN BAOHUQU

一 保护区名片

地理位置	位于浙江中部沿海，舟山渔场、大目洋渔场、渔山渔场和东海渔场的交界处
地理坐标	29° 22′ 30″ N ~ 29° 28′ 36″ N，122° 09′ 18″ E ~ 122° 15′ 24″ E
级别	国家级
批建时间	2011 年 4 月
面积	484.78 平方千米
保护对象	大黄鱼、曼氏无针乌贼、江豚、中华凤头燕鸥等生物以及岛礁生态系统
关键词	南韭山岛、水鸟繁殖和停息点、中华凤头燕鸥
资源数据	保护区有潮间带生物 106 种，两栖类动物 1 目 4 科 7 种，爬行动物 3 目 8 科 15 种，兽类 5 目 5 科 6 种，鸟类 13 目 41 科 153 种；有 4 个植被型组，6 个植被型，16 个群系，以灌丛（或灌草丛）和草丛为主

二 保护区概况

象山韭山列岛国家级自然保护区总面积 484.78 平方千米，由南韭山岛、官船岙等 76 个岛礁及其附近海域组成。该保护区以南韭山岛为中心设立了核心区、缓冲区和实验区。

核心区由南韭山小东岩、官船岙、黄礁、上竹山、麒麟头、大青山、将军帽、南耳朵、马补山、蚊虫山小礁、南韭山乌贼山咀西侧连线组成，面积 58.84 平方千米，占保护区总面积的 12.1%。缓冲区为核心区以外 3 千米的海域范围加上南韭山岛东侧及北侧

松兰山风光

岸线外推 200 米的海域，面积 117.16 平方千米，占保护区总面积的 24.2%。实验区为南韭山岛陆地及缓冲区外围海域，面积 308.78 平方千米，占保护区总面积的 63.7%。

该保护区属于自然生态系统类别中的海洋和海岸生态系统类型自然保护区，具有独特的海洋区位优势，海洋生物资源丰富。据调查，保护区有潮间带生物 106 种，其中软体类 34 种，甲壳类 20 种，藻类 28 种，多毛类 10 种，腔肠类 9 种，棘皮类 3 种，苔藓类 2 种。两栖类动物 1 目 4 科 7 种，爬行动物 3 目 8 科 15 种，兽类 5 目 5 科 6 种。韭山列岛植被较为单调，类型稀少，仅有 4 个植被型组，6 个植被型，16 个群系，以灌丛（或灌草丛）和草丛为主。

韭山列岛位于欧亚大陆东部的副热带季风气候区。温度适中，四季分明，冬暖夏凉，雨量充沛；无工业污染，海洋环境质量较好，根据调查资料显示，韭山列岛附近海域都符合第一类海水水质标准。由于韭山列岛受陆岸影响较小，且位于我国东部候鸟迁徙线上，使得韭山列岛成为我国东部沿海重要的海鸟繁殖场所和迁徙候鸟栖息点。现已观察到该保护区共有鸟类 13 目 41 科 153 种，有“神话之鸟”之称的中华凤头燕鸥在岛上栖息和繁衍。

三 功能分区图

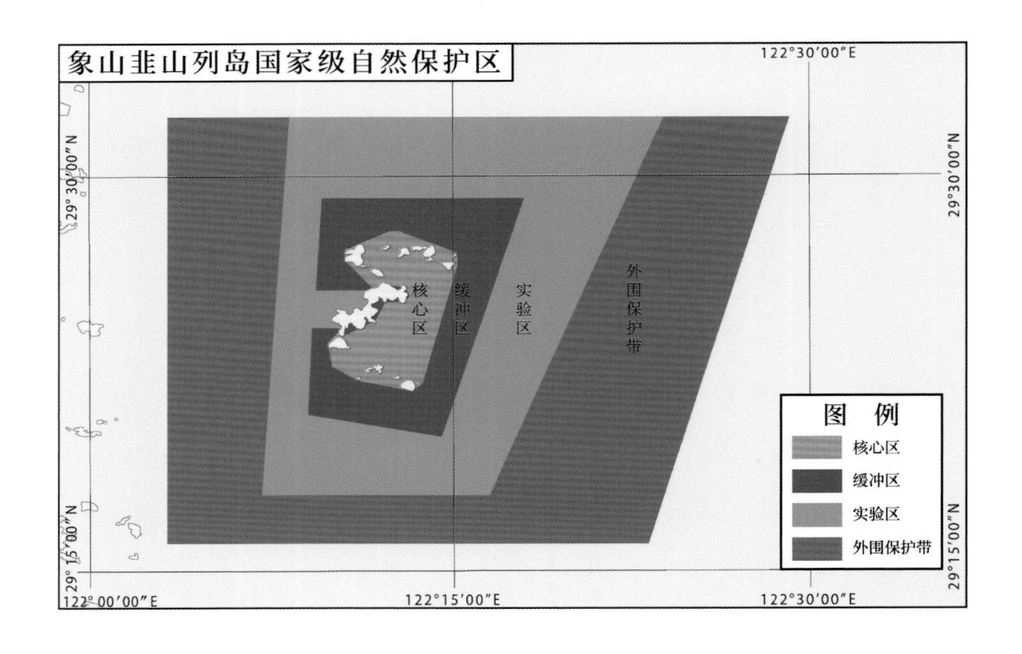

代表性资源

（一）动物资源

曼氏无针乌贼

曼氏无针乌贼

学　　名	*Sepiella maindroni*
中文别称	花拉子、麻乌贼、血墨、墨鱼、目鱼
分类地位	软体动物门头足纲乌贼目乌贼科无针乌贼属
自然分布	在我国南北海域广泛分布

曼氏无针乌贼属软体动物，胴部为盾形，胴背有很多近椭圆形的白花斑和褐色的色素斑。肉鳍前窄后宽，位于胴部两侧，末端分离。胴腹后端具有腺孔。腕 10 条，左右对称，具圆形吸盘。内壳为椭圆形，半透明，没有骨针。

曼氏无针乌贼靠漏斗喷水而进退，长距离游泳能力弱。主要捕食甲壳类、毛颚类，大黄鱼、带鱼和其他经济鱼类的幼鱼。其为雌雄异体，怀卵量随时间、个体、渔场的不同而变化。

曼氏无针乌贼肉可食用，内脏中的油含有大量的不饱和脂肪酸，是良好的饲料添加剂和强化剂。

江豚

江豚

学　　名	*Neophocaena asiaeorientalis*
中文别称	露脊鼠海豚、黑鼠海豚、新鼠海豚
分类地位	脊索动物门哺乳纲鲸偶蹄目鼠海豚科江豚属
自然分布	在我国分布于渤海、黄海、东海及南海海域和长江流域

江豚为国家一级重点保护野生动物。头部较短，额部稍微向前凸，吻部短而阔，上、下颌几乎一样长。牙齿短小，左右侧扁呈铲形。背部没有背鳍，有明显的隆起嵴。鳍肢较大，呈三角形，末端尖。尾鳍较大，分为左右两叶，呈水平状。全身蓝灰色或瓦灰色。

江豚通常栖息于近岸的咸淡水交界海域以及较大河流的淡水中，多单独活动，有时成对或结成小的群体。它们性情活泼，常将头部露出水面；呼吸时出水动作较急促，仅露出头部，尾鳍隐藏在水下，然后呈弹跳状潜入水下。江豚以青鳞鱼、梭鱼、银鱼等鱼类以及甲壳类、头足类为主要食物。

江豚在春季繁殖，在水中交配。3 ~ 5 月生产，每胎产 1 子。雌江豚有明显的保护、帮助幼子的行为，表现为驮带、携带等方式。

江豚

棱皮龟

棱皮龟

学　　名	*Dermochelys coriacea*
中文别称	革龟、七棱皮龟、舢板龟、燕子龟
分类地位	脊索动物门爬行纲龟鳖目棱皮龟科棱皮龟属
自然分布	在我国沿海均有分布

棱皮龟体长200 ~ 230厘米，头部、四肢和躯体都覆以平滑的革质皮肤，没有角质盾片。嘴呈钩状，头特别大，不能缩进甲壳之内。四肢呈桨状，没有爪，前肢的指骨特别长。身体的背面暗棕色或黑色，缀以黄色或白色的斑，腹面灰白色。

棱皮龟可持久而迅速地在海洋中游泳，有“游泳健将”之称。成年棱皮龟主要以水母为食，也吃头足类、海鞘等动物。嘴里没有牙齿，但食道内壁有大而锐利的角质皮刺，可以磨碎食物，然后再进入胃、肠进行消化吸收。棱皮龟常常把海面漂浮的塑料袋或者其他垃圾当作水母吃下，造成肠道阻塞，死亡。

棱皮龟在海中交配，岸上产卵。产卵通常都在晚上进行，行动十分谨慎，如果遇到外来的干扰，就会立即返回海洋。产卵之前棱皮龟会先在沙滩上挖一个坑，产卵之后用沙覆盖，靠自然温度进行孵化。刚孵化出来的幼体会本能地爬向大海。

毛蚶

毛蚶

学　　名	*Anadata kagoshimensis*
中文别称	毛蛤、麻蛤
分类地位	软体动物门双壳纲蚶目蚶科粗饰蚶属
自然分布	在我国四大海域均有分布

毛蚶壳中等大小，坚厚，膨凸，呈长卵圆形，后端稍延长。两壳不等大，左壳略大于右壳，壳表面为白色，覆盖有褐色带绒毛表皮。壳内面呈白色或灰黄色。壳缘具有与壳面放射肋相应的小沟。

毛蚶栖息于浅海泥沙底质环境。成体毛蚶的移动性比较小，几乎终生生活于某一区域内。它们主要摄食硅藻等浮游生物。

毛蚶为 2 龄性成熟，生殖腺在繁殖期具有分批成熟、分批排放的特点，第一次排放量最大。

毛蚶肉味鲜美，主要供蒸煮鲜食，也可用作腌渍加工和冷储加工，还可晒制成干品。毛蚶贝壳的碳酸钙含量较高，除可烧制石灰外，还是陶瓷工业、电石和水泥制造的上好原料。毛蚶还具有很好的药用价值。

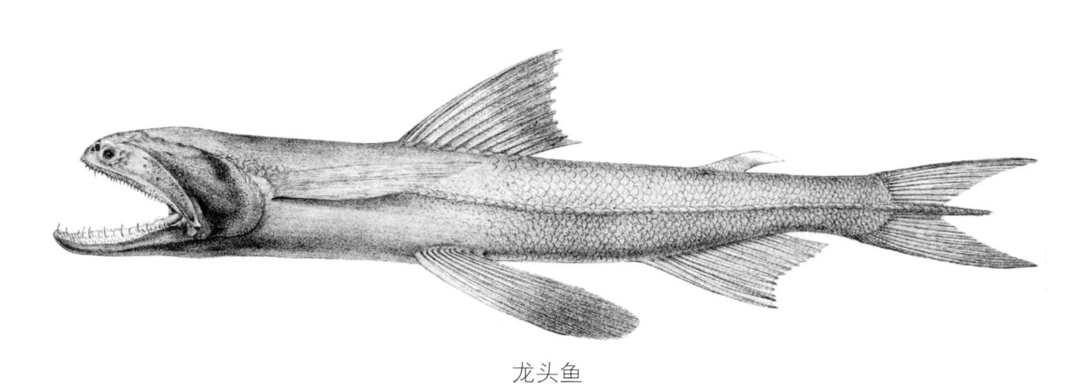

龙头鱼

龙头鱼

学　　名	*Harpadon nehereus*
中文别称	第鱼、水潺、狗母鱼、虾潺、龙头鲓、丝丁鱼、九肚鱼
分类地位	脊索动物门辐鳍鱼纲仙女鱼目狗母鱼科龙头鱼属
自然分布	在我国分布于黄海、东海、南海及台湾海峡等地海域

龙头鱼体柔软，延长，前部呈圆筒形，向后渐侧扁且细。头中等大，头背略圆。眼睛细小，鼻孔位于眼前方。吻部很短，前端钝圆形。牙齿细、尖且呈钩状，能倒伏。体前部光滑无鳞，后部被细小的薄圆鳞，头部无鳞。尾鳍呈三叉形，臀鳍宽长，胸鳍、腹鳍狭长。体乳白色带灰色，具有淡灰色小点。各鳍灰黑色或白色，基部色浅。

龙头鱼属暖水性鱼类，生活于浅海，主要摄食鱼类、甲壳类等，有短距离洄游习性。龙头鱼为1龄性成熟，在一个繁殖季节内可多次产卵。

龙头鱼鱼肉中含水分大，可煮汤，颇为鲜美；脂肪、蛋白质、钙、磷、铁等含量较为丰富。

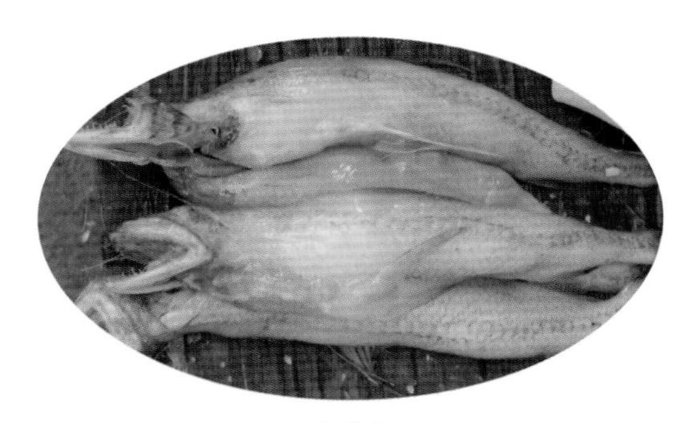

龙头鱼

中华凤头燕鸥

中华凤头燕鸥

学　　名	*Sterna bernsteini*
中文别称	黑嘴端凤头燕鸥
分类地位	脊索动物门鸟纲鸻形目鸥科凤头燕鸥属
自然分布	在我国繁殖于浙江韭山列岛、五峙山列岛和福建马祖列岛

中华凤头燕鸥为国家一级重点保护野生动物，体型不大，体长38 ~ 42厘米。背部、肩部和翅上覆羽淡灰色；尾上覆羽和尾羽白色。嘴略粗，且稍微弯曲，呈黄色，尖端具有黑色的亚端斑。夏羽自前额经眼睛到枕部的头顶部分以及头顶上的冠羽均为黑色。冬羽前额和头顶为白色，头顶具有黑色的纵纹。

中华凤头燕鸥一般在巢区周边海域，以俯冲入水的方式捕食上层小鱼。其威胁主要来自台风、猛禽和渔民的捡蛋行为。

中华凤头燕鸥常选择外海无人小岛作为繁殖场所，巢区位于裸岩和草地上。混群在大群大凤头燕鸥中繁殖，与大凤头燕鸥的繁殖时间基本同步。中华凤头燕鸥于 6 月初开始产卵，每窝产 1 枚卵，极少数产 2 枚。

（二）旅游资源

松兰山海滨度假区

松兰山是象山重点开发的第一个海洋旅游景区，已建成省级海滨度假区。松兰山沙滩环山面海，山海相连。海面上的孤岛离世脱俗，是野猪出没的狩猎场。海上活动中心、松兰山城、省帆板船训练基地、野生动物园等项目相继完工；松兰山至白沙湾沙滩、赵五娘庙的沿海观光公路也已贯通；还推出了沙滩休闲、海上运动、海岛狩猎等特色旅游项目。

松兰山风光

五 历史人文

民间艺术

象山鱼拓

栩栩如生的鱼拓作品

鱼拓是渔家休闲时一种以鱼为媒的美术技法。据传起源于宋代，至今在象山仍盛行。其基本步骤是将挑选好的整鱼放好（一条或几条），涂上所需色彩，取宣纸覆之，再用棕刷压实，然后取下，纸上即印上彩色鱼儿的模样。将该图以山水、书法和之，捺上印玺，一幅鱼拓雅作即刻问世。鱼拓现已列入象山县级非物质文化遗产名录。

六 保护区管理

（一）管理制度

出台《宁波市韭山列岛海洋生态自然保护区条例》，编制《韭山列岛海洋生态自然保护区总体规划》和《韭山列岛海洋生态自然保护区综合科学考察报告》，为保护区的建设和管理明确了目标方向。

（二）宣传教育

保护区充分利用新闻媒体、短信平台、设立警示标示牌、分发宣传册、召开座谈会等多种形式；借助中国开渔节和海洋论坛等大型节庆平台；利用“我们拥有同一个海洋”等系列宣传活动，广泛宣传关爱海洋和保护资源的重要意义。

（三）专项行动

开展“爱岛护鸟”等专项行动，使海鸟和岛礁等资源得到有效保护，保护对象有恢复的迹象。

（四）国际交流

通过多次举办海鸟保护暨海洋保护区管理国际论坛等活动，与国内外专家学者共同探讨、交流海鸟保护和海洋保护区管理的工作经验。

（五）增殖放流

在韭山列岛、渔山列岛、象山港等海域放流岱衢族大黄鱼、黄姑鱼等经济鱼类、毛蚶等贝类，有效促进了主要保护对象大黄鱼种群的恢复和保护。

宁波象山花岙岛国家级海洋公园

NINGBO XIANGSHAN HUAAODAO GUOJIAJI HAIYANG GONGYUAN

一 保护区名片

地理位置	位于象山县南部的三门湾口东侧、高塘岛乡境内，东北距国家中心渔港石浦港约 12 千米处
地理坐标	29° 02′ 09.427″ N ~ 29° 06′ 04.636″ N，121° 46′ 37.845″ E ~ 121° 51′ 43.218″ E
级别	国家级
批建时间	2017 年 4 月
面积	44.19 平方千米
保护对象	以火山岩区海岸带地貌景观为主的地质地貌遗迹、海蚀景观、海积景观以及海洋生态环境与资源、人文景观等
关键词	花岙岛石林、火山岩地质遗迹、花岙兵营遗址
资源数据	海洋公园内的植被主要可分为 15 个植被型， 23 个群系；珍稀植被有野生铁皮石斛、全缘冬青、夏蜡梅、银杏、宁波白茶和南方红豆杉等；有哺乳类 14 科 47 种，鸟类 33 科 122 种；海洋生物有大黄鱼、曼氏无针乌贼、江豚、真赤鲷等

二 保护区概况

宁波象山花岙岛国家级海洋公园总面积约为 44.19 平方千米，范围包括花岙岛及其附近 24 个岛礁和周边海域；主要分成重点保护区、生态与资源恢复区和适度利用区 3 个功能区。

重点保护区包括东侧火山岩与海蚀海岩地貌、明末张苍水抗清兵营遗址、东部岛礁沙滩及生态系统。生态与资源恢复区位于海洋公园花岙岛西南侧前沿海域，分为黄

花岙岛石林

屿门山岛贝藻类资源养护区和花岙南部增养殖放流区，将重点实施潮间带贝藻类资源恢复工程、增养殖放流工程，同时加强对区域内岸线、鸟类栖息地、沿海景观等海岸带资源的保护。适度利用区也有两处，一处位于花岙岛西部，一处位于海洋公园的南部海域；两处地方按照促进当地海洋经济和社会发展、资源合理利用的原则，在花岙岛中西部区域划分花岙人家、英雄风云、海上部落 3 个主题旅游区。花岙人家主题旅游区主要由花岙村、古樟海滩、健康管理中心、古樟养生会所、茗茶养生会所等组成。英雄风云主题旅游区建设有张苍水主题博物馆、创意文化园区，集中体现英雄事迹及古时兵营文化。海上部落主题旅游区是一个以渔、盐为主题，集观光、休闲、体验、科普及渔盐产品开发为一体的区域。

花岙岛上自然景观和历史人文景观交相辉映、相得益彰，形成了以“亿年石林、万年大佛、千年古樟、百年苍水”为核心的旅游胜地。岛上地质地貌遗迹类型以火山岩区海岸带地貌景观为主，海蚀景观和海积景观发育，具有鲜明的滨海特色，具备深度发展海洋生态旅游的环境资源、自然景观和人文优势。花岙岛石林是酸性火山岩原生柱状节理群，因其出露于海边，举世罕见，故又称“海上第一石林”。岛上还有月牙形的清水湾砾石滩、仙子洞海蚀穴、蜈蚣洞海蚀穴、长嘴头海蚀穴、海蚀沟等海蚀海积地貌景观。

花岙岛生态环境优美，植被可分为 15 个植被型，23 个群系。经济林主要有柑橘、杨梅、枇杷、茶叶、桃、李、梅、梨等。珍稀植被有野生铁皮石斛、全缘冬青、夏蜡梅、银杏、宁波白茶和南方红豆杉等。该海洋公园内动物种类繁多，有哺乳类 14 科 47 种，多分布于低山丘陵，以鹿、獾、野猪等居多；鸟类 33 科 122 种，尤以沿海岛屿为栖息地。海洋生物有大黄鱼、曼氏无针乌贼、江豚、真赤鲷等。此外，花岙岛海鸭养殖也是区内的一大生物资源，海鸭所产蛋营养价值高， 这也成为花岙岛的特色。

三 功能分区图

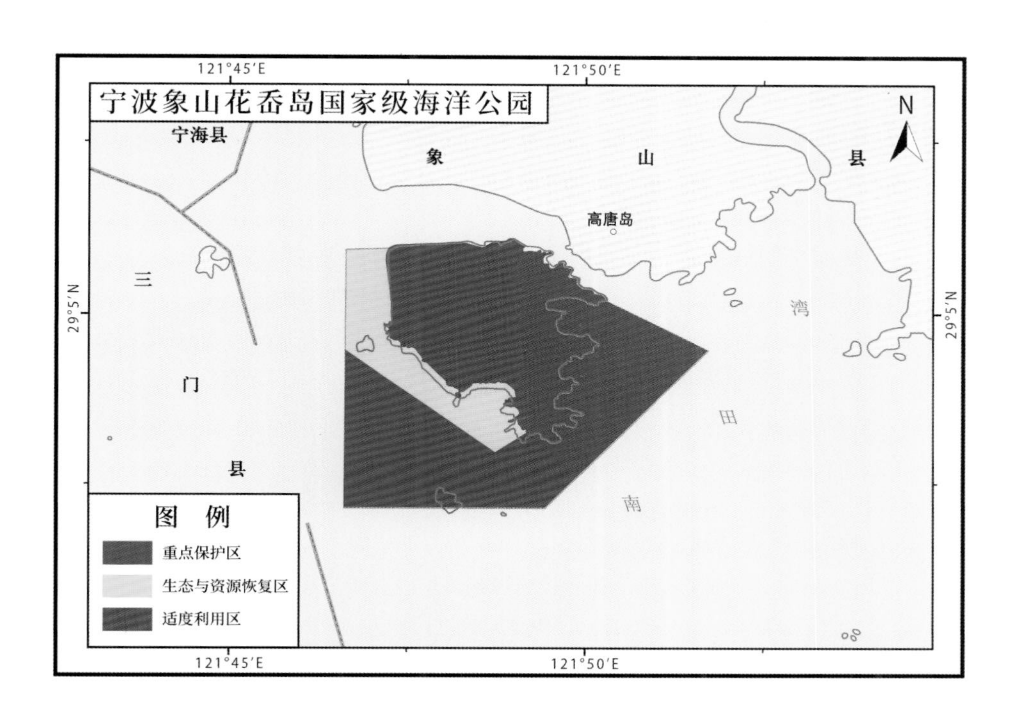

四 代表性资源

（一）动物资源

大黄鱼

大黄鱼

学　　名	*Larimichthys crocea*
中文别称	黄花鱼、黄瓜鱼、黄金龙
分类地位	脊索动物门辐鳍鱼纲鲈形目石首鱼科黄鱼属
自然分布	在我国分布于黄海南部至琼州海峡以东的大陆近海

大黄鱼尾柄细长，头大。鳔大，前端为圆形，两侧不突出。背面和上侧面呈黄褐色，腹面金黄色，各鳍黄色或灰黄色。背鳍连续。

大黄鱼属暖温性洄游鱼类，多生活于60米以内的中下层海域。主要食物是小型鱼类、虾类和蟹类。能借腹腔两侧的鼓肌收缩，压迫内脏，使鳔共振而发声。大黄鱼属多次产卵类型，卵呈球形，透明。

真赤鲷

真赤鲷

学　名	*Pagrus major*
中文别称	加吉鱼、铜盆鱼
分类地位	脊索动物门辐鳍鱼纲鲈形目鲷科赤鲷属
自然分布	在我国分布于黄海、渤海海域，东海闽南近海和闽中南部沿海

真赤鲷侧面呈长椭圆形，侧扁。头大，口小。两颌前端具犬牙。体为淡红色，背侧有若干蓝色斑点，成鱼斑点不明显。尾鳍叉型。

真赤鲷是暖温性底层鱼类，喜栖息在沙砾、沙泥等底质粗糙的海区和贝类丛生的地方。其属肉食性鱼类，主要摄食底栖甲壳类、软体动物、棘皮动物、小鱼、头足类及藻类等。

真赤鲷生殖季节因所处海域而异。卵为无色透明、球状的浮性卵。

（二）植物资源

铁皮石斛

学　名	*Dendrobium officinale*
中文别称	黑节草
分类地位	被子植物门单子叶植物纲天门冬目兰科石斛属
自然分布	在我国分布于广西、云南、贵州、浙江、江西、四川及安徽等地

铁皮石斛

铁皮石斛茎直立，呈圆柱形，不分枝；叶为长圆状披针形，边缘和中肋常为淡紫色；叶鞘常有紫斑。萼片和花瓣黄绿色，近似长圆状披针形。

铁皮石斛适宜在高海拔的凉爽湿润、半阴半阳的环境生长，不耐寒。其花期为3 ~ 6月。

铁皮石斛是一种珍贵的中药，味甘，性微寒，滋阴生津是其药性的最大特点。

全缘冬青

全缘冬青

学　名	*Ilexintegra*
中文别称	冬青
分类地位	被子植物门双子叶植物纲冬青目冬青科冬青属
自然分布	在我国分布于江苏、浙江、安徽、江西、湖北、四川、贵州、广西及福建等地

全缘冬青属于常绿小乔木，高 5.5 米，树皮灰白色。小枝粗壮，茶褐色，具纵皱褶及椭圆形凸起的皮孔。叶为全缘，单叶互生，叶柄短；叶片为厚革质或者革质，呈长椭圆形至椭圆状披针形。花为单性，花期 4 月。果实球形，成熟时为红色，果期 7 ~ 10 月。

全缘冬青是一种抗风耐瘠的滨海珍树，常生长在海边岩缝中或海边山坡、山谷等土壤瘠薄、受海雾海风影响大以及干旱等恶劣环境。

夏蜡梅

学　名	*Sinocalycanthus chinensis*
中文别称	牡丹木、黄枇杷
分类地位	被子植物门双子叶植物纲樟目蜡梅科夏蜡梅属
自然分布	在我国武汉、宁波、南京及合肥等地有栽植

夏蜡梅

夏蜡梅是国家二级重点保护野生植物，第三纪孑遗植物。夏蜡梅为叶灌木，高 1 ~ 3 米；嫩枝为黄绿色。叶对生，呈宽椭圆形或宽卵状椭圆形，边缘有锯齿。花单生于嫩枝顶端。外轮花被片 14 枚，花瓣呈倒卵状短圆形或倒卵状匙形，白色，边缘紫红色。内轮花被片 9 ~ 12 枚，椭圆形，半透明，中部较厚，向内卷曲，上部淡黄色，下部带白色，有淡紫红色细斑点。花期特殊，一般到初夏就能绽放。

夏蜡梅主要分布在海拔 600 ~ 1000 米的山地或是沟谷两旁的林荫下，喜欢温暖湿润的环境，适应环境能力较强。

南方红豆杉

南方红豆杉

学　　名	*Taxus wallichiana* var. *chinensis*
中文别称	紫杉、胭脂柏
分类地位	裸子植物门松柏纲红豆杉目红豆杉科红豆杉属
自然分布	在我国分布于四川、贵州、湖北、甘肃及浙江等地

南方红豆杉为国家一级重点保护树种，第三纪古老孑遗植物。南方红豆杉为常绿乔木，高可达 30 米，胸径 0.6 ~ 1 米。树皮暗红褐色，呈条状剥落。叶呈条形，略微弯曲，边缘微反曲，背面有 2 条气孔带，中脉上密生细小凸点。雌雄异株，雄球花有 6 ~ 14 盾状雄蕊；雌球花基部有数枚鳞片。种子单年成熟，倒卵形或宽卵形，微扁。花期在 3 ~ 4 月，种子 11 月成熟。

南方红豆杉多在潮湿荫蔽的天然林或河溪两旁的杂木林中生长。喜荫蔽湿润和土层深厚、富含有机质的林地环境。其对于研究华北的古气候地理和植物区系具有重要价值。

（三）旅游资源

花岙岛

花岙岛别名“大佛岛”“大佛头山”，位于宁波象山县石浦镇高塘乡，面积约12.62平方千米，最高峰雉鸡山海拔约308.5米。岛上海湾众多，地貌雄奇，为抗清名将张苍水聚兵处，至今仍有兵营遗址。该岛以自然景观为主，悬壁陡峭，岩石柱状发育。主要景点有万柱崖、琳仙屿、大佛头山、大小岬山、神奇洞穴和五彩鹅卵石铺就的清水岙石滩等。

花岙岛石林

五 历史人文

（一）历史名人

张苍水

张煌言（1620—1664），字玄箸，号苍水，浙江鄞县（今宁波市鄞州区）人，著名的抗清民族英雄和爱国诗人。

据资料记载，张苍水曾官至南明兵部尚书。1651年，舟山失陷，张苍水依附郑成功联合抗清，声势浩大。他曾率战船数百艘三入长江，屡战屡胜。直至抗清大势已去，张苍水将义军解散，登上浙江荒僻的象山花岙岛隐居。1664年，张苍水等将领被俘；1664年10月，张苍水被清军杀害于杭州弼教坊。

张苍水雕像

张苍水毕生致力于反抗民族压迫的斗争，学识渊博，才华横溢，诗文集有《奇零草》《采薇吟》《北征录》等。其诗文富有思想性、战斗性和艺术性，字里行间洋溢着爱国主义情怀。

（二）文物古迹

张苍水先生祠

张苍水先生祠始建于清光绪元年（1875）。1911年辛亥革命后，范仰乔、庄崧甫、张泳霓、张葆灵等人联合呈请清国民政府拨款修缮，将飨堂、神道碑移至右前方，在路边新建了一座西式祠堂，大门额上刻有“张公苍水先生祠”7个大字。

张苍水先生祠由碑、像、匾、画、楹联等组成，富有强烈的艺术气息。在正中大厅有张苍水雕像，高3米；正厅上方悬挂着3块黑底金字的大匾，分别为“好山色”“忠烈千秋”“碧血支天”。在大厅内四边柱子上还有3幅黑底金字的楹联，高度

张苍水先生祠

评价了张苍水抗清爱国的光辉事迹，洋溢着后人对先烈的崇敬之情。四周墙壁上有 8 幅壁画，主题分别是“投笔从戎”“平冈结寨”“转战江浙”“兵指南京”“挥师北伐”“隐居浙东”“被执归里”“慷慨就义”。

出张苍水先生祠，向左沿着清石板、鹅卵石铺成的墓道，越过青石牌坊，经过两旁分立的石兽和成行的松柏，过 100 米，便是张苍水墓。20 世纪 60 年代、80 年代浙江省文管会曾对其墓道实施较大规模的修复。张苍水先生祠是浙江省级重点文物保护单位。

花岙兵营遗址

花岙兵营遗址位于宁波市象山县，现有兵营遗址、遗迹多处。兵营设点隐蔽，外围有寨墙，大门内有类似瓮城结构的过渡区。营房建筑均很低矮、体量小，卵石垒墙，茅草结顶；有地道、暗室，等等，这些都符合南明军队在险恶环境下的生存选择。

张苍水兵营在花岙岛上分布甚多，以雉鸡山西南山腰与西北麓的雉鸡山兵营、高涂岙兵营规模最大，具有代表性。2013 年 5 月，花岙兵营遗址被国务院公布为第七批全国重点文物保护单位。

花岙兵营遗址

（三）风土人情

象山海鲜美食节

象山海鲜美食节是2006年全国十大饮食节庆活动之一，由宁波市象山县人民政府、宁波市贸易局联合主办。一般为期10天，主要内容为当地海鲜产品展销展示、美食品尝、海鲜美食风情游等。该节原为中国开渔节的一个重要活动内容，在象山县石浦镇举行。2007年，纳入中国（上海）国际餐饮博览会，欲借高端平台，辐射全国各地。该节欲通过挖掘、创新地方海鲜餐饮特色，弘扬地方饮食文化，打响象山海鲜餐饮品牌，推进象山餐饮业更快发展。

海鲜

象山国际海钓节

象山国际海钓节是中国开渔节活动之一，由宁波市象山县旅游局、中国开渔节组委会办公室和渔山海钓俱乐部主办。2007年6月9日至11日在象山县的渔山岛举行第一届。海钓节主要内容有：开幕式、闭幕式、国际海钓邀请赛、“商帮”文化名人海钓交流赛、中国象山国际海钓产业研讨会、国内鱼拓精品善举拍卖会和“百名老总看象山”时尚旅游踩线推介活动。

海钓

六 保护区管理

（一）宣传力度

近年来兴起的“互联网 + 旅游”、微传播等方式为海岛旅游营销提供了宝贵的机遇。海洋公园建立了以微信服务号为主要入口的旅游信息服务平台，展现旅游服务机构的基本信息以及地质景观实时与动态的图片，实现旅游服务一键求助或在线预订、交易。

（二）管理体制

海洋公园管理体制，应从长远利益出发，树立保护与开发并重的理念，理顺不合理的管理体制，建立海洋公园专业化管理团队。优化海洋公园生态人文环境，逐步完

花岙岛风光

善海洋公园的基础配套设施，扩大旅游接待能力。

（三）旅游资源

花岙岛原有石柱林景区面积小，区域旅游资源独立分散，当地发挥海洋公园规划的作用，整合园内资源，以特色火山岩地质遗迹为主体，将海岛石柱林、石柱峰、滩地及其周边各种海蚀洞穴地貌景观与海岛景区通过游览线路结合起来。海洋公园还根据海岛天然的环境加大体验性渔家民宿、海鲜特色自助餐饮等开发力度。

（四）解说系统

海洋公园通过对地质遗迹形成的科学解说让游客感受时间的维度，体验大自然伟大的创造力。

渔山列岛国家级海洋生态特别保护区

YUSHAN LIEDAO GUOJIAJI HAIYANG SHENGTAI TEBIE BAOHUQU

保护区名片

地理位置	位于浙江省象山半岛东南部，猫头洋东北，隶属象山县石浦镇
地理坐标	28° 51.4′ N ~ 28° 56.4′ N，122° 13.5′ E ~ 122° 17.5′ E
级别	国家级
批建时间	2008 年 8 月
面积	57 平方千米
保护对象	领海基点岛、渔业资源、贝藻类资源、岛礁资源、自然景观及其生态环境
关键词	五虎礁、北渔山灯塔、裙带菜
资源数据	保护区岛礁周边盛产石斑鱼，花鲈、真鲷等鱼类，有羊栖菜、石花菜、厚壳贻贝、荔枝螺等贝藻类资源

保护区概况

渔山列岛国家级海洋生态特别保护区总面积 57 平方千米，包括保护区范围内所有 54 个岛礁及周围海域，其中重点保护区 0.41 平方千米，生态与资源恢复区 1.79 平方千米，适度利用区 24.93 平方千米，预留区 29.87 平方千米。2012 年加挂国家级海洋公园牌子。

渔山列岛位于象山半岛东南部，猫头洋东北，隶属象山县石浦镇，距石浦铜瓦门山 47.5 千米，岛陆面积约 2 平方千米。渔山列岛属亚热带气候系统下的大陆气候向海洋系统转换的过渡性气候，具有冬夏季风交替显著、年温适中、四季分明、冬暖夏凉，雨量充沛、空气湿润等特点。岛礁星罗棋布，水道纵横交错，海岸蜿蜒曲折，海洋资源种类繁多，构成了以数量众多的原生态岛礁及其生物资源为主体的海洋生态系统，具有特殊的海洋生态特征。

渔山列岛远离大陆，受人为活动干扰小，周边海域海洋环境相对较好，是浙江省重要经济鱼虾栖息繁殖的场所。主要保护对象为领海基点岛、重要渔业资源和贝

保护区鸟瞰

藻类资源、岛礁资源、自然景观及其生态环境。岛礁周边盛产石斑鱼、花鲈、褐菖鲉、真鲷、黑鲷等鱼类，有羊栖菜、裙带菜、石花菜、厚壳贻贝、笠藤壶、荔枝螺等贝藻类资源。

功能区	海洋生态特别保护区	海洋公园
重点保护区	伏虎礁领海基点保护区	伏虎礁领海基点保护区
	平虎礁海藻种质资源保护区	平虎礁海藻种质资源保护区
	渔山列岛岛礁资源保护区	
生态与资源恢复区	南、北渔山潮间带贝藻资源恢复区	南、北渔山潮间带贝藻资源恢复区
	北渔山东北侧海域人工鱼礁增殖放流区	北渔山东北侧海域人工鱼礁增殖放流区
	大白礁海域海珍品底播增殖区	大白礁海域海珍品底播增殖区
适度利用区	南、北渔山海岛生态旅游区	南、北渔山海岛生态旅游区
	北渔山大澳浅海生态养殖区	
预留区		保护区内其他海岛和海域

渔山列岛国家级海洋生态特别保护区和海洋公园功能分区

三 功能分区图

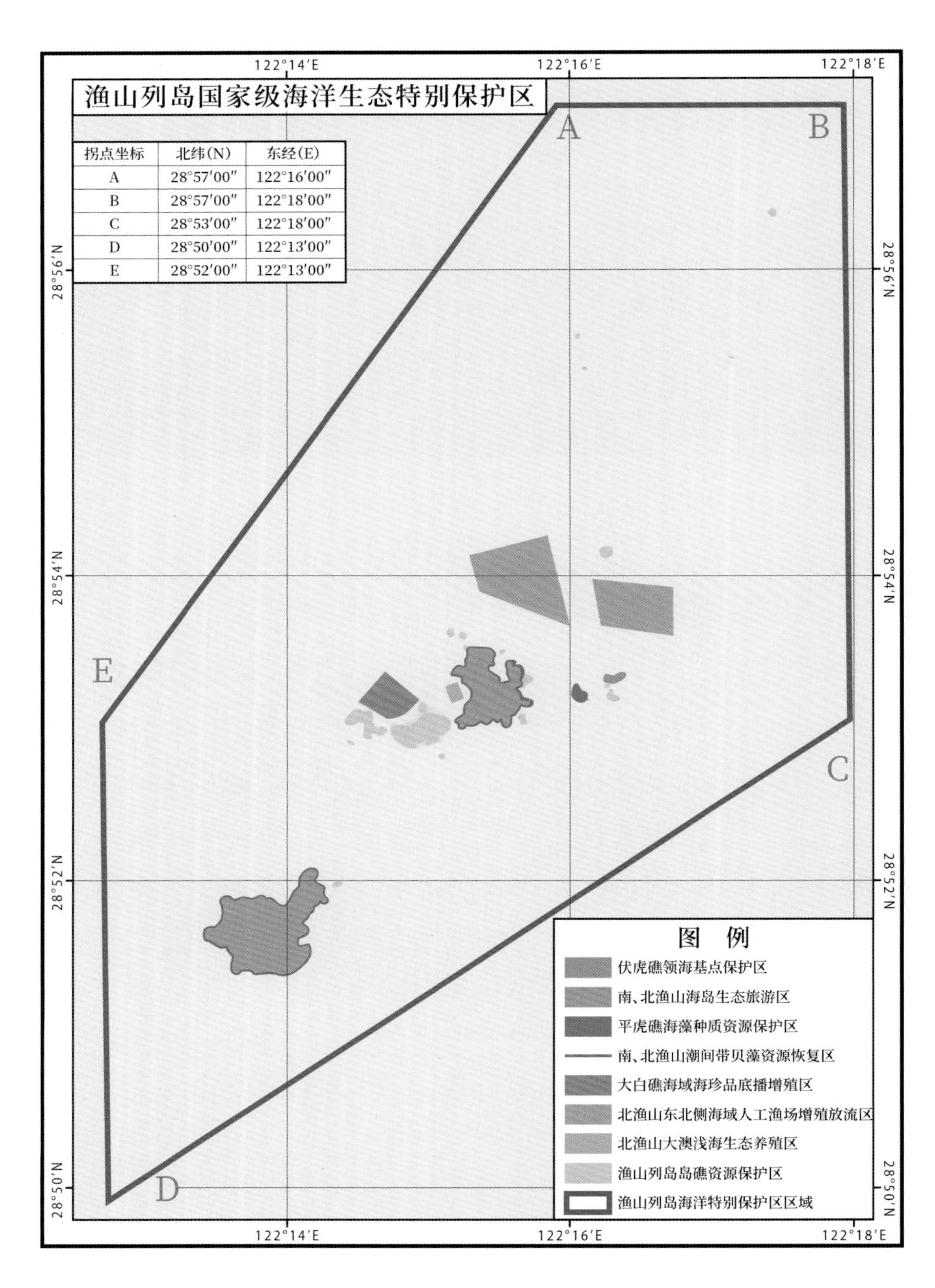

拐点坐标	北纬(N)	东经(E)
A	28°57′00″	122°16′00″
B	28°57′00″	122°18′00″
C	28°53′00″	122°18′00″
D	28°50′00″	122°13′00″
E	28°52′00″	122°13′00″

代表性资源

（一）动物资源

小黄鱼

小黄鱼

学　名	*Larimichthys polyactis*
中文别称	黄花鱼
分类地位	脊索动物门辐鳍鱼纲鲈形目石首鱼科黄鱼属
自然分布	在我国分布于东海、黄海及渤海海域

小黄鱼体长，侧扁，尾鳍稍呈楔形。头大，吻短，钝尖，有6个颏孔。嘴靠前，较大，有倾斜。牙齿细小，尖锐。耙头和身体的前部覆盖圆鳞，后部覆盖栉鳞。体上半部黄褐色，下半部和腹部金黄色。

小黄鱼为温水性中下层鱼类，喜欢栖息在水深不超过120米、软泥或者泥沙质的海域，主要摄食甲壳动物、小鱼等生物。

每年春季，小黄鱼群由越冬场向北洄游、产卵。卵是浮性卵，有油球。秋冬季节，水温下降，鱼群南下做适温洄游。

中国花鲈

中国花鲈

学　　名	*Lateolabrax maculatus*
中文别称	日本真鲈、花鲈、鲁鱼、青鲈、鲈板、寨花、花寨、鲈子、海鲈鱼
分类地位	脊索动物门辐鳍鱼纲鲈形目真鲈科花鲈属
自然分布	在我国分布于黄海、渤海、东海、南海及台湾海域

中国花鲈体延长，侧扁，略呈纺锤形。背部灰绿色或青绿色，腹部灰白色，两侧与背鳍上有很多的黑色斑点。眼小，吻尖，口大且斜裂，下颌长于上颌。体被栉鳞。背鳍、臀鳍都有发达的鳍棘。尾鳍为浅叉形，边缘黑色。

中国花鲈属暖温性近岸浅海鱼类，亦能在淡水中生活。常洄游到近岸淡水水域索饵；秋季游至河口附近海区产卵，产卵后返回近海越冬场。中国花鲈性凶猛，主要摄食小鱼、甲壳动物。

中国花鲈味道鲜美，营养丰富，是人类优质的蛋白质来源，含有多种维生素和微量元素。

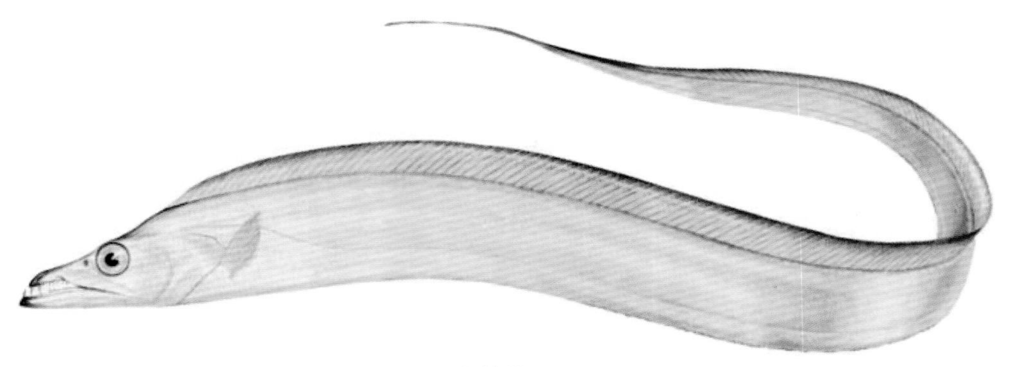

高鳍带鱼

高鳍带鱼

学　　名	*Trichiurus lepturus*
中文别称	白鱼、白带鱼
分类地位	脊索动物门辐鳍鱼纲鲈形目带鱼科带鱼属
自然分布	在我国四大海域广泛分布

高鳍带鱼体型侧扁，呈带状；尾部逐渐变细，末端呈鞭状。头长，背面平坦或微凸。口大，下颌突出，上颌骨为眶前骨所盖。上、下颌牙强大、尖锐、侧扁。

高鳍带鱼属于暖温性洄游鱼类，通常栖息于水深小于 100 米的近海。喜弱光，有明显的昼夜垂直移动现象。成鱼性凶猛，主要摄食鱼类、甲壳动物，头足类等，是典型的肉食性鱼类。高鳍带鱼分批产卵，产卵期长。

高鳍带鱼肉肥嫩而味美，营养价值很高，富含蛋白质、钙、钠以及 EPA、DHA 等高不饱和脂肪酸。

炸带鱼

（二）植物资源

裙带菜

裙带菜

学　名	*Undaria pinnatifida*
中文别称	海芥菜、和布、若布
分类地位	棕色藻门褐藻纲海带目翅藻科裙带菜属
自然分布	在我国分布于浙江、辽宁及山东等地沿海

裙带菜藻体呈黄褐色、褐绿色，外形似开裂的扇形。分为固着器、柄、叶片3部分。固着器由二叉分枝的假根组成，假根的末端略粗大。柄稍长，呈扁圆柱体，中间略隆起。叶片的中部有柄部伸长而形成的中肋，两侧形成羽状裂片，叶上有许多黑色小斑点。

裙带菜一般生长于风浪不大、水质较好的海湾内低潮线下1～5米深处的岩礁上，是一种温带性种类，适温性较广，能够耐受高温。裙带菜的雌雄配子体能像海带那样进行无性繁殖，成为簇球体。

裙带菜营养丰富，口感脆滑，蛋白质含量高，含有丰富的钙、镁、锌、铁、锰、钼、钴等矿物质元素。裙带菜还是海藻工业中提取褐藻胶的常用原料，也可用于提取其他化学产品，如碘、甘露醇等。

（三）旅游资源

北渔山灯塔

北渔山灯塔位于渔山列岛一座108米的高峰上，是我国最东面的一座国家一级灯塔，有“远东第一大灯塔”的美誉。塔身为铁铸成，白色，圆台形，高16.9米、直径4米。北渔山灯塔对研究我国近代科技和航海史具有重要价值。

北渔山灯塔远景

五虎礁远景

五虎礁

五虎礁位于北渔山岛的东面，是我国领海基线岛礁。五虎礁由从南到北的 8 座大小不一的岛礁组成。由于视线所不及，游人所见的五虎礁实为伏虎礁（包括紧贴其身的仔虎礁）、尖虎礁、高虎礁、平虎礁、老虎屎礁。

亚洲第一钓场

渔山列岛由 13 岛 41 礁组成。海蚀地貌景观以及丰富的岛礁资源使之成为多种海洋生物资源的聚集地。渔山列岛的全年海钓时间长达 10 个月，从 3 月开始可持续到 12 月，还能进行矶钓、拖钓、船钓等各种海钓活动。

檀头山岛

檀头山岛坐落于象山半岛的大目洋与猫头洋之间，面积约 11 平方千米，海岸线长达 50 千米。火山的喷发造就了岛上起伏连绵的山峰，丰富的植被为徒步山间增添了不少野趣。岛屿中部有两处相距仅数十米的沙滩，称为“姐妹滩”。两滩皆沙质细腻，游人可在此欣赏到“沙堤龙井”的奇观。位于岛屿最南端的大王宫，是檀头山岛最大的自然村落，是游人小憩的绝佳场所。檀头山岛还为爱好户外运动的人们准备了众多沙滩项目，从沙滩排球、沙滩足球、沙滩风筝到海浪拔河，各式活动一应俱全。

檀头山岛

五 历史人文

（一）历史遗迹

石浦渔港古城

石浦渔港古城位于象山县石浦镇，沿山而筑，依山临海，城墙随山势起伏而筑，城门就形而构。石浦渔港古城的中街是一条保留完整、古老、奇特、繁华的商贸街，集江南古镇的古朴灵秀和山城渔港的蜿蜒多变于一体，渔商气息十分浓厚。中街与碗行街、福建街和后街共同组成了古朴的石浦老街。老屋梯级而建，街巷拾级而上，蜿蜒曲折。徜徉在石浦老街中，可以玩味到明清建筑的丝丝风貌。

石浦渔港古城

（二）民间艺术

石浦渔灯、渔灯舞

渔灯是渔家休闲时的一种自娱自乐的艺术形式。依照各种鱼的样子扎灯，既表喜庆，又可辟邪，这一传统已有上千年历史。手持长杆渔灯，继而舞之，更显渔家向往艺术美的风尚，在石浦渔区内较为盛行。传统的渔灯有鳌鱼灯、黄鱼灯、鲳鱼灯、带鱼灯等，样子各具特色，五彩缤纷。

渔灯舞由几十人组成的演出队伍完成，演出人员身穿特定服装，用长杆举灯。鼓乐队伴奏，展示圆场、交叉、跳跃、翻滚等动作，气氛极为欢快，传递了劳动者特有的艺术风采。喜庆佳节，特别是正月十五元宵节，人们往往会结伴挂渔灯、欣赏艺人的渔灯舞。石浦渔灯技艺、石浦渔灯舞均被列入宁波市级非物质文化遗产名录。

石浦渔灯节

六 保护区管理

（一）主要工作

自建区以来，保护区管理局积极开展各项基础设施建设，为日常管理工作的顺利开展夯实基础。在北渔山岛上设立了保护区工作站，设立了保护区的界碑、界牌，开展了管理用房、码头改造、防浪堤、环岛公路、蓄水山塘、视频监控、阳光垃圾减量房等基础设施建设，并且建造了一艘400马力巡护管理船。由渔山列岛保护区管理局、石浦镇政府、渔政渔港监督管理站、港航管理局、石浦边防站等单位组成了专项整治工作小组，进行联合执法，严厉查处各种岛礁资源的破坏活动。

（二）宣传教育

自建区以来，保护区管理局通过座谈会、新闻媒体、悬挂宣传横幅、分发宣传册和图片等各种形式，开展了广泛深入的宣传，力求做到“电视有声、报纸有文、道路有幅、手机有信”，有效地提高了社会公众的海洋保护意识。

（三）巡逻管护

历年持续在保护区工作站常驻管理人员，对保护区内重点区域进行监视监管，定期定时对渔山列岛及周边海域进行执法行动，加强禁渔区、禁渔期的管理，加大对外来渔船非法捕捞的查处力度，坚决取缔破坏渔业资源的作业方式。

保护区远景

（四）环境监测

保护区管理局与科研部门和院校合作开展了渔山列岛渔业资源和潮间带资源的本底调查及环境监视监测，编制完成了《渔山列岛渔业资源保护与可持续利用初步方案》《渔山列岛海洋生态环境及渔业资源调查报告》《渔山列岛厚壳贻贝资源潜水调查报告》等。

玉环国家级海洋公园

YUHUAN GUOJIAJI HAIYANG GONGYUAN

保护区名片

地理位置	位于浙江省玉环市，西濒乐清湾，南接洞头列岛，东临东海
地理坐标	28° 01′ 29.80″ N ~ 28° 17′ 44.32″ N，121° 07′ 34.60″ E ~ 121° 33′ 24.80″ E
级别	国家级
批建时间	2016 年 12 月
面积	306.69 平方千米
保护对象	重要岛礁贝类、植物群落与湿地鸟类等
关键词	披山岛、大鹿岛、疣荔枝螺
资源数据	海洋公园有独特的地质景观，比如大鹿岛山林秀美、峰危岩峻，披山岛海蚀景观独特。生物资源丰富，有疣荔枝螺、条纹隔贻贝等岛礁贝类资源，也有云雀、金腰燕等珍稀鸟类，还有被称为“海上森林”的红树林

保护区概况

早在 2011 年 11 月，浙江省人民政府就批准建立了玉环披山省级海洋特别保护区。保护区的范围包括披山、小披山、大洞精、小洞精、前山、下前山等海岛及其周边海域，面积有 114.70 平方千米。玉环国家级海洋公园的创建，是在玉环披山省级海洋特别保护区的基础上进行升级建设的，将大鹿岛、鸡山岛、洋屿岛等划进海洋公园，以满足海洋公园功能的需要。整个海洋公园面积达到了 306.69 平方千米，其中重点保护区面积 31.73 平方千米，生态与资源恢复区面积 219.95 平方千米，适度利用区面积 55.01 平方千米；主要保护对象包括重要岛礁贝类、植物群落与湿地鸟类等。

海洋公园局部

玉环国家级海洋公园包含披山岛、鸡山岛、茅埏岛、大鹿岛等 150 余个海岛及其周边海域，是以形成海洋保护与开发协调发展的管理模式为目标的海洋公园。该海洋公园披山海域选划面积 237.55 平方千米，乐清湾海域选划面积 69.04 平方千米。包括 10 个子功能区：披山重要渔业品种及生态保护区、茅埏岛红树林保护区、前山－披山渔业资源恢复区、乐清湾玉环增殖区、鸡山－洋屿旅游度假区、大鹿岛旅游娱乐区、披山岛原生态旅游区、茅埏岛旅游度假区、江岩休闲度假区、大青红色旅游区等。鸡山－洋屿旅游度假区，既有玉环“海鲜美食十八碗”，也有渔家风情海岛建筑群，洋屿岛上民居临海集群，依地形而建，人称“海上布达拉宫”。近年来，该海洋公园的建设管理机构在机构设立、基础设施建设、渔业资源调查、社区共建共管等方面不断取得进展。

该海洋公园里有着独特的地质景观，比如大鹿岛山林秀美、峰危岩峻，披山岛海蚀景观独特。此外，海洋公园的生物资源也很丰富，有疣荔枝螺、条纹隔贻贝等岛礁贝类资源，也有云雀、金腰燕等珍稀鸟类，还有被称为“海上森林”的红树林。

三 功能分区图

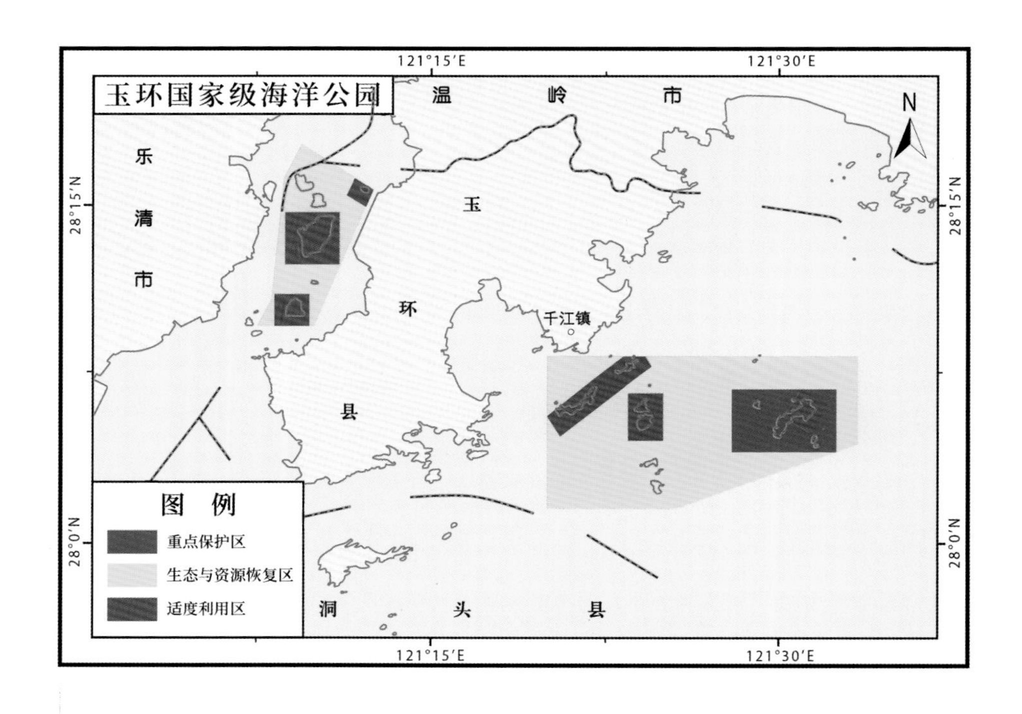

代表性资源

（一）动物资源

疣荔枝螺

学　名	*Thais clavigera*
中文别称	辣玻螺、辣螺
分类地位	软体动物门腹足纲新腹足目骨螺科荔枝螺属
自然分布	在我国沿海均有分布

疣荔枝螺

疣荔枝螺壳中等大小，呈纺锤形，坚实且厚。壳表面密生细的螺旋纹和生长纹，并有螺旋形排列的疣肋，有的疣肋突起。不同的个体突起情况不同，有结节状、尖角状、鸭嘴状等。螺旋部较高，壳顶缝合线浅或不明显。

疣荔枝螺属岩礁生态型，主要生活在潮间带中潮区和低潮区，常集群生活，退潮后多隐藏在岩礁缝隙内。它们为食肉性种类，捕食双壳类或其他小型腹足类。疣荔枝螺繁殖期为 4 ～ 8 月，雌雄异体，交尾产卵。

疣荔枝螺主要鲜食，取其肉可凉拌或直接煮食。贝壳可以入药，用于治疗皮肤病。

条纹隔贻贝

条纹隔贻贝

学　名	*Septifer virgatus*
分类地位	软体动物门双壳纲贻贝目贻贝科贻贝属
自然分布	在我国分布于东海、南海海域

条纹隔贻贝壳呈楔形。壳顶较尖，位于壳的最前端；壳顶下方的隔板呈三角形。腹缘直或略凹，背缘呈弓形，后缘为圆弧形。壳的表面呈紫褐色，顶部常呈淡紫色；内面呈灰蓝色，而略带粉红色，具有光泽。前闭壳肌小，位于隔板上；后闭壳肌大，呈弯月形。足丝发达。

条纹隔贻贝属于暖水种，以足丝固着在岩石、贝壳等物体上。因栖息场所的不同形态变化较大，从潮间带到水深 8 米左右处都可采到，自然生长数量极多。

条纹隔贻贝在我国东南沿海潮间带自然生长、数量较大，肉味鲜美，常为人们采食的主要对象。

云雀

云雀

学　名	*Alauda arvensis*
中文别称	告天子、告天鸟、阿兰、大鹨、天鹨、朝天子、鱼鳞燕
分类地位	脊索动物门鸟纲雀形目百灵科云雀属
自然分布	繁殖于从欧洲至外贝加尔、朝鲜、日本及我国北方

云雀属小型鸟类，虹膜暗褐色，嘴角褐色。上体呈暗沙棕色，具有显著的黑色纵纹。头顶有一短的羽冠，一般在竖起时才易见到。最外侧的一对尾羽几乎为纯白色。跗跖肉褐色，后趾爪较后趾长而稍直。

云雀常栖息于开阔的草原和平原地区，仅在地面活动，从不栖息于树枝上。有时骤然从地面垂直飞向天空，歌声嘹亮，是一种观赏鸟。它们以昆虫、植物种子和嫩叶为食。

云雀常营巢于开阔的多草地面，巢由干枯的植物茎叶、根须构成，呈碗状。每窝产卵 3 ~ 5 枚，卵为灰色，杂以褐色或暗灰色斑点。

金腰燕

学　　名	*Hirundo daurica*
中文别称	赤腰燕
分类地位	脊索动物门鸟纲雀形目燕科燕属
自然分布	在我国除台湾和西北部外，大部分地区均有分布

金腰燕

金腰燕上体黑色，具有金属光泽；下体是棕白色而具有黑色的细纵纹。尾巴很长，为深凹形。其最显著的标志是有一条栗黄色的腰带，栗黄色的腰与深蓝色的上体形成鲜明对比。

金腰燕的迁徙时间、栖息筑巢地点、活动方式都与家燕十分相似，只是更喜欢较高的山区居民点。它们有时和家燕混飞在一起，飞行却不如家燕迅速，常常停翔在高空；鸣声较家燕稍响亮。主要以蚊、蝇、牛虻等有害昆虫为食，对人类有益。

金腰燕繁殖期在 4 ～ 9 月。常营巢于居民区的房屋及农舍的横梁或房檐上，多用湿泥、干草等筑巢，巢呈葫芦瓢状。一年繁殖2窝，第一窝产卵4 ～ 6枚，第二窝产卵2 ～ 5枚。卵为白色，部分卵具棕褐色斑点。雌雄金腰燕轮流孵卵，孵化期约 17 天。

北草蜥

北草蜥

学　　名	*Takydromus septentrionalis*
中文别称	无
分类地位	脊索动物门爬行纲有鳞目蜥蜴科草蜥属
自然分布	在我国分布于陕西、甘肃、江苏、上海、安徽、湖北、四川、浙江及福建等地

北草蜥体形瘦长，四肢发达。头、背、四肢、尾均为棕绿色；眼至肩部有一条细纵纹。嘴较窄，嘴的前端呈钝圆状；耳孔孔径与眼径几乎相等。

北草蜥为年产多窝卵的小型昼行性蜥蜴，常在阳光明亮的山坡、山脚、道路两旁及林边茅草茂密与小竹丛生的枝叶上攀爬。多摄食昆虫及其幼虫。

北草蜥为卵生，于 4 月下旬开始产卵，每次产 2 ～ 4 枚。刚产下的卵柔软，卵壳为革质，呈乳白色；随后变硬而呈白色。

大鹿岛风光

（二）旅游资源

大鹿岛

大鹿岛位于浙江玉环东南部，由大鹿岛、小鹿岛两座岛屿组成，全岛总面积 1.75 平方千米，海岸线长达 5.45 千米，岛上主峰海拔 229.2 米。大鹿岛旅游资源极为丰富，有“生态之岛”和“艺术之岛”之称。大鹿岛之所以蜚声海内外，很重要的原因是因为有中国美术学院已故教授洪世清（1929—2008）耗时 14 年留下的绝世之作——大鹿岛岩雕群。洪世清教授在大鹿岛雕琢的近百座岩雕，传承了秦汉悠久的艺术传统，犹如鬼斧神工，赋予沉睡亿万年岩石新的生命，蔚为壮观，成为大鹿岛的一大特色景点。国内外媒体称大鹿岛岩雕群为“大地艺术之花”。

鸡山岛

鸡山岛风光

鸡山岛位于漩门湾外，毗邻披山岛、大鹿岛等。岛上建有游步道、休闲长廊、陈盆滨能量馆，还能看到绘制在墙上的渔民画。鸡山岛临近披山渔场，渔业资源丰富，岛上居民以海洋捕捞为生。鸡山岛有着浓厚的海岛文化，岛上的建筑有垒石为墙、上盖青瓦的老石屋，也有砖混结构的新房子。鸡山岛历来为海防前哨，至今还残存着军事营寨。每年的“打八将”“祭龙骨”“海岛庙会”等民俗活动，展现了它独特的海岛风情。

玉环烈士陵园

玉环烈士陵园

玉环烈士陵园位于玉城街道中青山南坡，建于1959年，占地面积2.2万平方米。陵园内主要建筑有烈士纪念塔、纪念亭、纪念馆、墓群、塑像、牌坊、凉亭等。玉环烈士陵园于1995年6月被公布为台州市爱国主义教育基地。

五 历史人文

民间艺术

坎门花龙

坎门花龙是浙江玉环坎门渔区的民俗文化活动，当地民众又称其为“滚龙”或“弄龙”。所用的花龙灯具为纸扎，各种形象栩栩如生，手工技艺精湛奇妙。表演时，在龙头的带领下，八段龙节和龙尾，在三十二根甚至六十四根柱子间穿插迂回，现场气氛热烈。

坎门花龙

六 保护区管理

玉环国家级海洋公园建设把大鹿岛、鸡山岛、洋屿岛、披山岛等玉环东部的海岛都划在内，运营管理以建设具有社会、生态和经济价值的“保护基地、生态教学科研基地、旅游科普基地、休闲度假基地”为指导思想，本着“可持续发展、开发与保护相结合、与地区社会经济发展相协调”的原则，开创以海洋资源保护为核心，以自然观光和海鲜美食为主体的旅游活动。

自海洋公园批建开始，当地政府就对其进行了系统有序的管理。

规划先行，编制《玉环县海洋与渔业“十三五”发展规划》，全局谋划海洋经济未来发展布局、方向和发展重点，跳出玉环发展玉环，大力发展湾区经济。

在沿海基础设施、港航物流、海洋能源、产业转型升级、现代海洋服务业、海洋科教和生态保护等领域规划相关项目。

乐清市西门岛海洋特别保护区

LEQINGSHI XIMENDAO HAIYANG TEBIE BAOHUQU

保护区名片

地理位置	位于浙江省乐清市西门岛，乐清湾的背部
地理坐标	28° 16′18″ N ~ 28° 21′20″ N，121° 09′16″ E ~ 121° 12′12″ E
级别	国家级
批建时间	2005 年 6 月
面积	30.80 平方千米
保护对象	滨海湿地、海洋生物资源、红树林群落以及黑嘴鸥、中白鹭等多种湿地鸟类
关键词	“海上雁荡”、水产养殖基地、西门岛滨海湿地
资源数据	保护区海洋生物资源丰富；浮游植物多达 124 种，优势种包括蛇目圆筛藻、辐射列圆筛藻、穷氏圆筛藻；浮游动物 71 种；共记录到鸟类 83 种

保护区概况

西门岛位于乐清湾的北部，是乐清市第一大海岛，隶属乐清市雁荡镇，岛上现有南岙山村、岙里村、西门村、山后村 4 个行政村，与国家级首批重点风景名胜区北雁荡山隔海相望，距大陆最近点仅 320 米，人称“海上雁荡”。

乐清市西门岛海洋特别保护区范围包括西门岛及其周边的滨海湿地，总面积约为 30.80 平方千米，由西门岛景区（海洋度假区）、环岛滨海生态保护景观区、南涂生态保护与开发区三大功能区组成，主要保护对象为滨海湿地、海洋生物资源、红树林群落以及黑嘴鸥、中白鹭等多种鸟类。

雁荡山

西门岛滨海湿地资源十分丰富，这里浅海滩涂面积广阔，底质肥沃，海洋生物资源丰富，拥有许多既适于湾内岛区栖息生长，也适于人工养殖的生物经济种类，是浙江沿海的生物高值区，乐清市发展水产养殖及苗种的重要基地之一，也是乐清沿海具有极大综合开发、科学研究和保护价值的重要滨海湿地之一。

西门岛上北部海涂现存有 1957 年引进栽种的红树林面积约 2 000 平方米，由单一的秋茄林组成，成年树有 100 多株，植株高 2 ~ 3 米。它们的成功引种突破了红树林的传统生长边界，不仅具有很高的生态价值和风景价值，而且具有很高的科学研究价值，亟须加以保护培育。该保护区还被国际鸟类保护联盟列为重要鸟区，拥有黑嘴鸥、黑脸琵鹭以及黄嘴白鹭、斑嘴鹈鹕等大量水鸟。

该保护区滨海湿地资源分布面积广，开发历史悠久，利用类型多，特别是潮间带滩涂资源利用在广度和深度上有了全面发展。潮上带湿地绝大部分处在人工海堤内的海湾小平原或海积平地，一般辟为耕地、果园等。其中耕地以种植水稻为主，果园主要种植柑橘、杨梅、葡萄、枇杷等。保护区潮间带湿地的开发，主要用于滩涂贝类及苗种养殖。保护区土地的利用以林地、农耕地为主，除水田种植水稻外，其余均为贫瘠的旱地，种植甘薯、小麦等农作物。

保护区局部

三 功能分区图

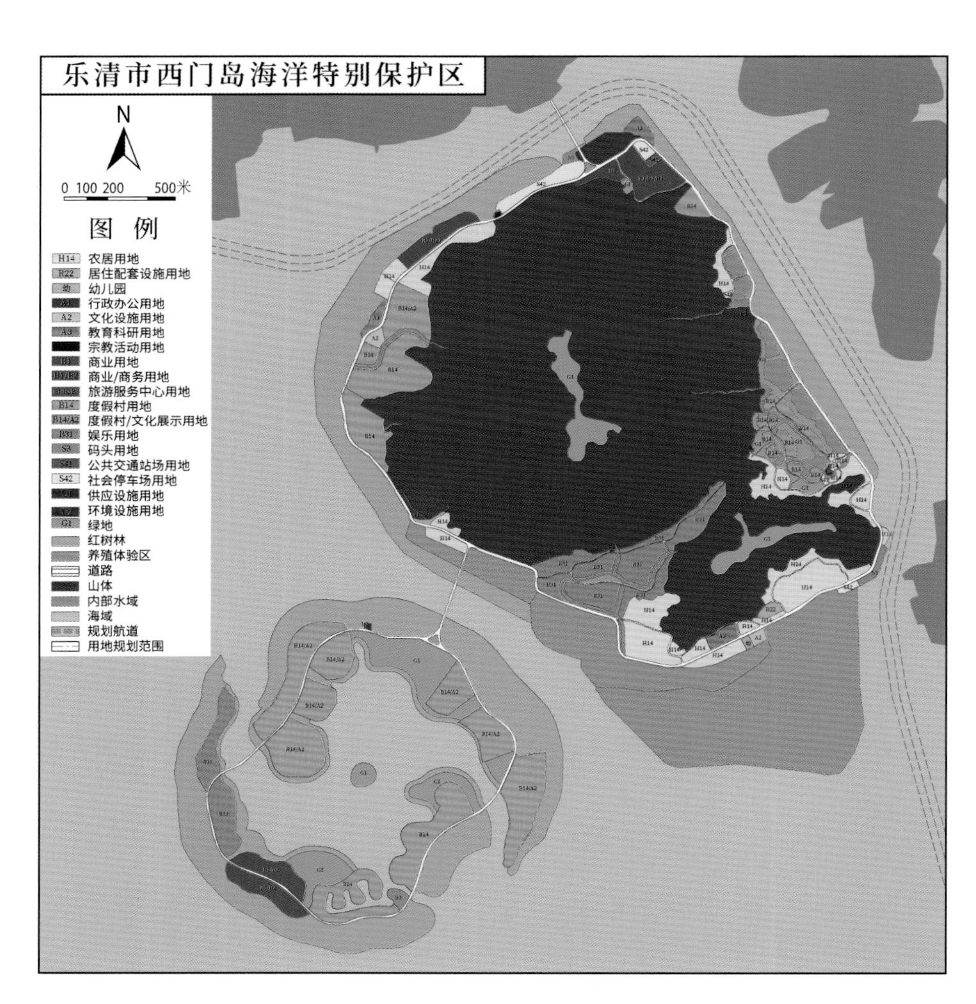

代表性资源

（一）动物资源

黑嘴鸥

黑嘴鸥

学　　名	*Larus saundersi*
中文别称	桑氏鸥、闲步鸥
分类地位	脊索动物门鸟纲鸻形目鸥科鸥属
自然分布	在我国主要分布于河北、辽宁、黑龙江、江苏、山东（繁殖鸟），天津、河北、内蒙古、辽宁、吉林、山东（旅鸟），上海、江苏、浙江、福建、江西、广东、广西、海南、云南、台湾、香港（冬候鸟）

黑嘴鸥为国家一级重点保护野生动物，嘴为黑色；上喙弯曲，较下喙略长；下喙的下沿几近平伸。雌雄鸟羽色相同。夏羽，头及颈上部羽毛黑色；颈下部、上背、肩、尾上覆羽，尾羽和下体为白色；下背、腰、三级飞羽和翅上覆羽为灰色；翅前缘、外侧边缘为白色。冬羽羽色和夏羽大致相似，但头部羽毛为白色，眼后和耳区有黑色斑点，头顶缀有淡褐色羽毛。

黑嘴鸥常成小群活动，多出入于开阔的海边盐碱地和沼泽地上。它们主要以昆虫、昆虫幼虫、甲壳类等动物为食。

黑嘴鸥繁殖期在 5 ～ 6 月，常成对或集小群在一起筑巢。每窝产卵多为 3 枚，少数 1 枚或 2 枚，偶多至 6 枚。卵为梨形；沙黄色，带绿色；表面布以褐色斑点。

黑脸琵鹭

黑脸琵鹭

学　　名	*Platalea minor*
中文别称	黑面琵鹭、匙嘴鹭、小琵鹭
分类地位	脊索动物门鸟纲鹳形目鹮科琵鹭属
自然分布	在我国主要分布于东北、贵州、湖南、浙江（旅鸟），台湾、福建、广东（冬候鸟），偶见于海南

黑脸琵鹭为国家一级重点保护野生动物，为中型涉禽，体长 60 ~ 78 厘米。脸裸露无羽毛，呈黑色。前额、眼前、眼周至嘴基的裸皮为黑色。嘴为黑色，呈琵琶状。腿、跗跖和脚裸露无羽毛，呈黑色。通体羽毛白色。繁殖期头后枕部有长而呈发丝状的金黄色羽冠，前颈下和上胸之间有 1 条较宽的黄色颈环。非繁殖期羽毛与繁殖期的颜色接近，但头后冠羽白色，短而不明显，黄色颈环也会消失。

黑脸琵鹭常栖息于湖泊、水田、沼泽、河口、海岸边、沿海岛屿等区域；喜欢群居，性情安静，以鱼、虾、蟹、软体动物、水生昆虫和水生植物等为食。它们的觅食方式独特，嘴半张，一半伸至水中，边走边左右扫动，利用嘴部敏锐感觉夹住猎物，衔起后仰首吞下。

黑脸琵鹭繁殖期为 5 ~ 7 月，营巢于水边悬崖或水中小岛上产卵。每窝产卵 4 ~ 6 枚，卵为长圆形，白色，上面布有浅色斑点。

斑嘴鹈鹕

学　　名	*Pelecanus philippensis*
中文别称	淘河、塘鹅
分类地位	鸟纲鹈形目鹈鹕科鹈鹕属
自然分布	在我国分布于长江中下游、广东、福建、云南、台湾及海南岛等地

斑嘴鹈鹕

斑嘴鹈鹕为国家二级重点保护野生动物，脚短、翼大，脚上有蹼，善飞行、游泳。嘴较长，有喉袋。上体淡银灰色。枕和后颈具有长而蓬松的长羽。下体白色，繁殖季节缀有粉红色。

斑嘴鹈鹕栖息于沿海及湖泊、江河等地，单只或成小群生活。它们主要以鱼类为食，也吃甲壳类、两栖类等。

斑嘴鹈鹕在繁殖期会成对活动，于高树上营巢，巢用树枝、草、水草做成。每窝产卵 3 ~ 4 枚，卵白而光滑。雌雄鹈鹕共同育雏，雏鸟把嘴伸进亲鸟的嗉囊中啄食。

（二）旅游资源

雁荡山

雁荡山坐落于浙江省温州乐清境内，为首批国家重点风景名胜区、中国十大名山之一。辟有八大景区，其中灵峰、灵岩、大龙湫精华荟萃，被称为“雁荡三绝”；以峰、瀑、洞、嶂见长，素有“海上名山”“寰中绝胜”之誉，史称“东南第一山”。

雁荡山

雁荡山革命烈士陵园

雁荡山革命烈士陵园位于雁荡山风景名胜区的中心——三折瀑景区。陵园始建于1953年，为纪念浙东南地区部分在抗日战争和解放战争中牺牲的烈士而建立，经过68年的建设，现已形成一定的规模。

雁荡山革命烈士陵园

五 历史人文

（一）历史名人

王十朋雕塑

王十朋（1112—1171），字龟龄，号梅溪，生于温州乐清四都左原（今浙江省乐清市）梅溪村。南宋著名政治家、诗人，爱国名臣。其少年时，天资颖悟，每日诵读数千言，绍兴二十七年（1157）进士第一。历官国史院编修、起居舍人，侍御史，吏部侍郎，历饶、湖等四郡守，以龙图阁学士致仕。卒谥忠文。他生前诗文刚健晓畅，且长于书法。著有《梅溪集》等。

（二）历史遗迹

雁荡山龙鼻洞摩崖题记

龙鼻洞摩崖题记位于雁荡山灵岩龙鼻洞。洞中摩崖分布在两壁最上层，以唐贞元十年（794）包举题名为最早。洞口岭旁巨石上镌刻“天开图画”四个大字，为明代朱晦翁书。

（三）民间传说

雁荡山的传说

传说，一日女娲来到西北高原上的大泽旁边摘了两朵金色、一朵五色的荷花，插在发髻旁。忽然一阵大风吹来，把她发髻上的三朵荷花一齐吹上天空，飘到了大海边上的两越上空才落下来。两朵金色荷花变为金华山和天台山华顶峰。那朵五色荷花变成了一座“芙蓉山”。后来，芙蓉山山顶的大湖四周，生长了层层密密的芦苇，南归的秋雁纷纷在这里停留过夜。人们就把这座“芙蓉山”改称为“雁荡山”。

保护区管理

（一）管理机构

2008年，乐清市海洋与渔业局成立乐清市西门岛国家级海洋特别保护区建设领导小组，负责管理保护区日常工作。由局长任领导小组组长，下设办公室，办公室下设管理组、执法组和科研组。

2015 年，成立了乐清市西门岛海洋特别保护区管理所，为局下属全额拨款事业单位。为了加强管理制定了《乐清市西门岛海洋特别保护区管理人员工作职责》《乐清市西门岛海洋特别保护区巡护制度》等日常工作制度，规范工作人员行为。

（二）管理制度

保护区编制了《浙江省乐清市西门岛国家级海洋特别保护区总体规划（2012—2030）》《浙江省乐清市西门岛国家级海洋特别保护区控制性详细规划》等规划。

（三）主要工作

不断加强红树林管理和建设工作，强化保护区科研宣教工作，改善保护区生态环境，试行太阳能生活垃圾处理项目，实施海洋生态补偿金制度，修复海洋生态环境，加强海洋环境水质监测，加强科研合作。

乐清湾日落

洞头国家级海洋公园

DONGTOU GUOJIAJI HAIYANG GONGYUAN

保护区名片

地理位置	南北爿山屿、鹿西白龙屿及其周边海域、洞头岛东南沿岸、洞头东部列岛和大瞿岛的周边海域及海岛
地理坐标	27° 41′ 08″ N ~ 28° 01′ 00″ N, 121° 03′ 14″ E ~ 121° 17′ 00″ E
级别	国家级
批建时间	2012 年 12 月
面积	311.04 平方千米
保护对象	海洋地质地貌景观、海岸带生物、海洋鸟类资源、历史文化遗迹、海岛民俗等
关键词	“海上天然岩雕长廊”、羊栖菜、大瞿岛
资源数据	海洋公园内有浮游植物 19 种，浮游动物 59 种，底栖生物 11 种，海洋鸟类 51 种；记录潮间带软体动物 180 种，石鳖 7 种，贻贝科种类 7 种等

保护区概况

洞头拥有 168 个岛屿和 259 座岛礁，海岸线浑然天成，其位于温州湾口和乐清湾口的汇集处，瓯江口外，独特的地理优势给洞头带来了强有力的经济后盾。洞头国家级海洋公园将洞头 1/3 以上的岛屿、岛礁都纳入了海洋公园中，到了 2025 年，将形成以岛礁为景、海岸线为景的自然生态旅游公园，还将建立 3 个海洋牧场。

洞头礁石

洞头国家级海洋公园范围包括南北爿山屿、鹿西白龙屿及其周边海域、洞头岛东南沿岸、洞头东部列岛和大瞿岛的周边海域及海岛，选划区总面积 311.04 平方千米，其中海域面积 295.2 平方千米。其自然生态环境呈逐步恢复的形势，主要保护对象或保护目标增多或稳定，保护成效显著。共鉴定出浮游植物 19 种，浮游动物 59 种，底栖生物 11 种，海洋鸟类 51 种；记录潮间带软体动物 180 种，石鳖 7 种，贻贝科种类 7 种等。海洋公园内海岛景观基本稳定，保持原始状态。

该海洋公园由于晚第四世纪以来的海蚀作用形成海蚀地貌，保存完好，成为国内不可多得的海岛自然景观。仙叠岩、半屏山、大瞿岛各岛南岸、东北岸都形成了海蚀桥、海蚀穴、海蚀崖、海蚀平台等典型海岸地貌，为研究古海岸地貌和围垦标高，提供了十分难得和非常重要的自然科学依据；这些经过大自然雕琢镌刻的礁石岩壁，雄浑峻峭，各具情态，惟妙惟肖，天然成趣，引人入胜。半屏山连绵数千米的岩雕画屏，是全国最长最大的海上天然岩雕，被誉为“海上天然岩雕长廊”。

洞头南、北爿山岛及邻近海域自然条件优越，长年有群鸟寄居翱翔，繁衍生息，其中黄嘴白鹭、普通鵟、红隼和游隼 4 种为国家二级重点保护野生动物。洞头海岛礁石上自古以来就盛产羊栖菜，素有“中国羊栖菜之乡”的称号。

三 功能分区图

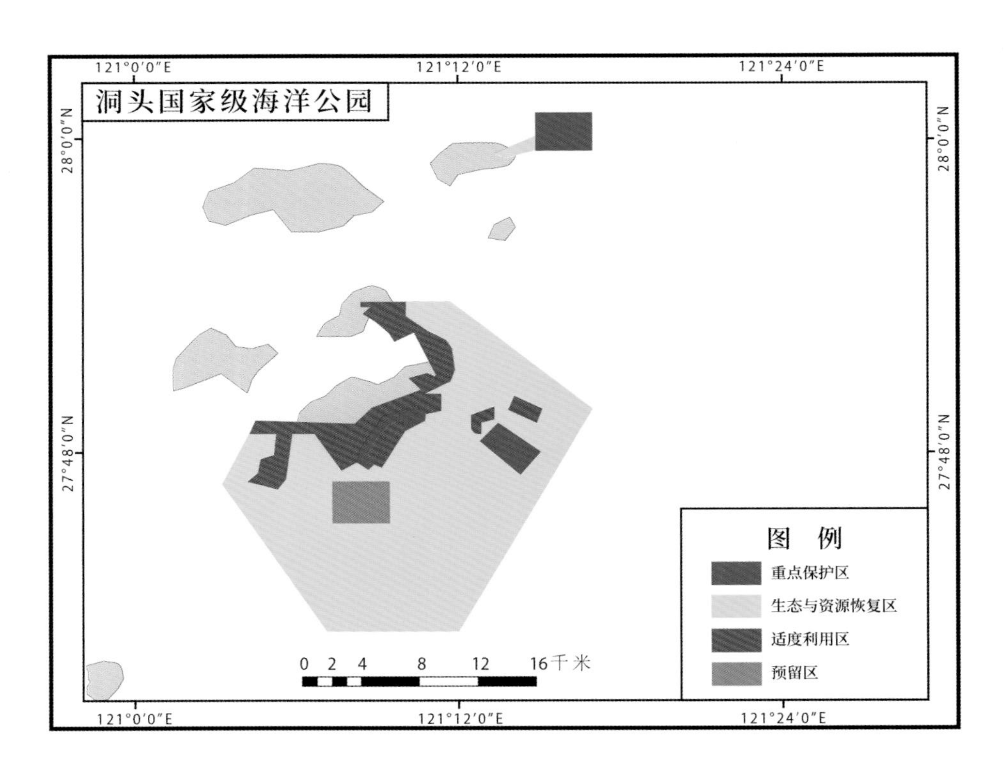

代表性资源

（一）动物资源

黄嘴白鹭

黄嘴白鹭

学　名	*Egretta eulophotes*
中文别称	唐白鹭、白老等
分类地位	脊索动物门鸟纲鹳形目鹭科白鹭属
自然分布	在我国主要分布于广东、海南、福建（夏候鸟），西沙群岛（冬候鸟），偶见于辽东、吉林、山东、江苏、浙江及台湾

黄嘴白鹭为国家二级重点保护野生动物，全身白色。夏羽嘴橙黄色，脚黑色，趾黄色；后头、背及前颈下部有饰羽。冬羽嘴暗褐色，下嘴基部黄色；脚黄绿色，背及前颈下部无饰羽。

黄嘴白鹭多栖息于沿海岛屿、海湾、河口及沿海附近的江河、湖泊、水塘、溪流、水稻田等。它们主要以各种小型鱼类为食，也吃虾、蟹、蝌蚪和水生昆虫等。通常漫步在河边、盐田或水田地中边走边啄食，也常伫立于水边，伺机捕食过往鱼类。

黄嘴白鹭繁殖期在 5 ～ 7 月；每窝产卵 2 ～ 4 枚，卵为卵圆形，淡蓝色；孵化期为 24 ～ 26 天。其营巢于近海岸岛屿、岩礁和海岸悬岩岩石上以及矮小的树杈间。巢材以枯草茎和草叶为主，巢呈皿形。

黑尾鸥

黑尾鸥

学　　名	*Larus crassirostris*
中文别称	鱼鹰子、黑背鸥、淡红脚鸥、黄腿鸥
分类地位	脊索动物门鸟纲鸻形目鸥科鸥属
自然分布	在我国繁殖于吉林东部、辽宁南部、山东、浙江和福建沿海一带，在华南、华东和台湾沿海越冬

黑尾鸥为国家二级重点保护野生动物，是一种中型水禽，成鸟的喙为黄色，先端红色，其后有一黑带位于红、黄二色之间。夏羽头、颈和下体白色，背深灰色，尾上覆羽并且尾羽是白色，具有宽阔的黑色亚端斑；冬羽的枕部和后颈缀有灰褐色。

黑尾鸥主要栖息于沿海海岸沙滩、湖泊、河流和沼泽地带，常成群活动，在海面上空飞翔，或伴随船只觅食，或于沿海渔场活动和觅食。黑尾鸥主要捕食鱼类，也吃虾、软体动物和水生昆虫等。

黑尾鸥的产卵期在 4 ～ 7 月，每窝通常产卵 2 枚，偶尔多至 3 枚。蛋壳颜色因个体而异，有蓝灰色、灰褐色、暗绿色，壳上分布有黑褐色斑点。由雌雄黑尾鸥轮流孵卵，孵化期为 25 ～ 27 天。

游隼

游隼

学　名	*Falco peregrinus*
中文别称	花梨鹰、鸭虎、青燕
分类地位	脊索动物门鸟纲隼形目隼科隼属
自然分布	在我国分布于东北、江苏、福建、四川、青海、山东及台湾等地

游隼为国家二级重点保护野生动物，体长 38 ～ 50 厘米。成鸟的头顶和后颈为蓝灰色到黑色；脸颊的髭纹是黑褐色；上背为蓝灰色，具有黑褐色羽干纹和横斑，下体呈黄白色，胸前具有细的黑褐色羽干纹，其余下体具有黑褐色横斑；尾巴呈暗蓝灰色，具有黑褐色横斑和淡色尖端。脚和趾是橙黄色，爪是黄色。

游隼栖息于山地、丘陵、荒漠、半荒漠、海岸、旷野、草原、河流、沼泽与湖泊沿岸地带，也到开阔的农田、耕地和村庄附近活动，叫声尖锐。它们主要捕食野鸭、鸥、鸠鸽类和雉类等中小型鸟类，偶尔也捕食鼠类和野兔等小型哺乳动物。其主要在空中捕食，有时也在地上捕食。游隼号称是空中飞行最快的鸟，个头虽然不大，却异常凶猛。

游隼多营巢于林间空地、河谷悬岩、地边丛林以及其他各类生境中人类难以到达的峭壁悬岩上。其繁殖期为 4 ～ 6 月，每窝产卵 2 ～ 6 枚。雌雄亲鸟轮流孵卵，孵卵期 28 ～ 29 天。雏鸟孵出后由亲鸟抚养 35 ～ 42 天后才能离巢。

普通鵟

普通鵟

学　　名	*Buteo buteo*
中文别称	鸡姆鹞、土豹子
分类地位	脊索动物门鸟纲隼形目鹰科鵟属
自然分布	在我国繁殖于东北地区，迁徙时东部大部分地区都可见到

普通鵟为国家二级重点保护野生动物，中等体型。有多种色型，常见上体红褐色，下体暗褐色，具纵纹；浅色型上胸具有深色带，飞行时可见下初级飞羽，基部有白色斑，飞羽外缘和翼角黑色，尾羽打开呈扇形。虹膜黄色；喙铅灰色；脚黄色，跗跖部较短且不被毛。

普通鵟主要栖息于山地森林和林缘地带，常在开阔的平原、耕作区、林缘草地、村庄上空盘旋。它们主要以鼠类为食，也吃蛙、蜥蜴、蛇、小鸟和大型昆虫等。普通鵟在空中盘旋飞翔，通过锐利的眼睛观察和寻找地面的猎物，一旦发现，则突然快速俯冲向下，用利爪抓捕猎物。

普通鵟为旅鸟，在 5 ~ 6 月进行繁殖。营巢于树冠上部，巢主要由枯枝构成，内垫以松针、枯叶、羽毛等。每窝产卵 2 ~ 3 枚，卵为青白色，具有栗褐色和紫褐色斑点以及斑纹，孵化期约为 28 天。

（二）植物资源

羊栖菜

学　名	*Sargassum fusiforme*
中文别称	鹿角尖
分类地位	棕色藻门褐藻纲墨角藻目马尾藻科马尾藻属
自然分布	在我国北起辽东半岛、南至雷州半岛沿海均有分布

羊栖菜

自然生长的羊栖菜藻体为黄褐色，株高 30 ～ 50 厘米。分为固着器、主枝、分枝、叶片和气囊。固着器为圆柱状的假根，其上可分生出多个主枝。主枝直立，圆柱状。初生分枝和次生分枝均为圆柱状，次生分枝较短。气囊有柄，细长且顶端带刺。

羊栖菜营固着生活，适合生长于潮间带的中下潮带和低潮带的岩礁上，往往为带状分布，通常不露出水面或露出水面时间很短，每年的位置基本保持不变。羊栖菜对海水盐度的适应范围较广，在盐度稍高的海域生长较好。

新鲜的羊栖菜肉质肥厚多汁，含有丰富的蛋白质、矿物质和海藻多糖等天然活性物质；晒干后可用作中药的原料。

大瞿岛风光

（三）旅游资源

大瞿岛

大瞿岛位于洞头岛的西南部，距洞头区北岙镇 9 千米。大游步道主体路线基本与自行车骑行道线路一致，在大瞿岛地势较高、视野开阔的位置设置了多个观景台。

其中，温泉养生休闲中心地形较为平坦，结合古代军事设施遗址，建造中西建筑，为游客提供休憩、住宿和养生功能的会所和酒店；提供泥浴养生、温泉养生、中医养生等养生保健休闲活动。矶钓休闲区位于大瞿岛交通服务中心附近，是海鲜美食和矶钓休闲的集中区域。沙滩体育休闲区是一个天然的港湾，适合开展沙滩足球、沙滩排球等各类沙滩体育休闲项目等。

竹屿岛

竹屿岛位于洞头本岛东侧约 3.5 千米的海域处，面积约 0.45 平方千米。岛上旅游资源丰富，植被良好，有数千平方米的天然大草坪，是山间露宿、篝火晚会、探险野营的理想场所。

竹屿岛风光

仙叠岩

仙叠岩位于洞头区东南 2.7 千米处。沿途有赤、青、黑三色组成的珍珠礁，登上石阶小道，仙叠岩风光尽收眼底。在景区范围内，沙滩、礁石、巨岩浑然一体，环境优美，气候宜人，是观海景、看日出的绝佳选择。

仙叠岩风光

半屏山

半屏山也称半屏岛，位于洞头岛南侧。该岛东南岸悬崖峭壁，陡如刀削，险峻而多奇。若登岛观望，海天一碧，海鸥、渔帆尽收眼底。岛上有娘娘洞、望阳台、盼夫石、孔雀屏、老僧听经等景观。

半屏山风光

洞头望海楼

望海楼位于浙江温州市洞头区境内，是洞头最具特色、最具观赏价值的旅游区之一，历史悠久，最早建于1500年前的南北朝。

望海楼建在洞头本岛最高处，海拔227米。整个景区占地面积约0.09平方千米，主楼面积2 700平方米，坐北朝南。楼的3层和5层设有观景廊，登楼远望，可看到

望海楼

洞头的概貌，巍峨壮观。其有“三绝四最”之美，“三绝”为：从海岛上看，望海楼是一处绝佳景观；登楼环视，其是遍览百岛风貌的绝妙看台；楼内展厅，是普及海洋知识的绝好课堂。“四最”为：东南沿海岛屿建楼所处海拔最高，楼形众星拱月气势最雄，楼匾楹联名家声望最隆，陈列渔村民俗物品最丰。

五 历史人文

民间传说

洞头岛的传说

相传东京是闽南一个热闹的都市。一天，东京城来了一个游方和尚，和尚得到了东京城里一员外的礼遇和布施，因感念员外的高洁品行，便对员外说："日后此地有一劫难，施主须预备下大船一艘。一见石狮吐血，便是劫难临头。天机不可泄露，不可转告他人。阿弥陀佛！"说罢人就不见了踪影。

员外依照和尚的点化，悄悄地备下一艘大船，又让婢女天天在外察看动静。这天，一个屠户顺手在一只石雕狮子的嘴上抹了一下，员外家的婢女看到石狮子嘴上的血，大惊失色，匆忙赶回家中告知员外。员外忙把一家大小及家中细软悉数搬上船，

洞头岛风景

往东而行。到了半夜，突然狂风大作，翻江倒海，刹那间东京便沉入汪洋大海之中。据说洞头百岛就是东京下沉所形成的。

六 保护区管理

（一）规划统领

（1）《洞头国家级海洋公园总体规划（2014—2025）》在全国率先通过专家评审并获正式批复实施。

（2）成立海洋公园建设促进中心及南北爿山省级海洋特别保护区管理中心。

（3）积极争取项目资金及各方面政策支持，推进海洋公园基础设施建设。

（二）制度保障

（1）建立海洋公园、保护区建设和管理制度。

（2）健全养殖用海规范管理制度。

（三）项目依托

（1）引导发展生态高效养殖业。

（2）培育壮大新兴产业。

（3）大力发展海滨旅游业。

洞头灯塔

（四）海洋保护

（1）坚持保护与利用并举，打造生态海岛。

（2）坚持增殖放流与生态补偿并举，促进可持续发展。

（3）坚持宣传和治理并举，打造洁净海洋。